胞外生物高聚物制备
及其污染物吸附机理研究

毛艳丽　著

U0311480

中国水利水电出版社
www.waterpub.com.cn

·北京·

内 容 提 要

胞外生物高聚物属于天然有机高分子物质，安全无毒，易被微生物降解，无二次污染。针对环境中大多持久性污染物以痕量/超痕量存在而导致分析检测困难的问题，本书对高吸附性能胞外生物高聚物产生菌进行筛选、分离和鉴定，并对其吸附分离重金属及抗生素等水体持久性污染物的行为及机理进行了研究，实现了环境持久性污染物的实时监测，这对维护人类健康与安全具有重要意义。

本书结构合理，内容通俗易懂，科学性强，可作为生物工程、生物技术、生物科学专业的参考用书，也可作为相关领域的研究人员和工程技术人员的参考用书。

图书在版编目（ＣＩＰ）数据

胞外生物高聚物制备及其污染物吸附机理研究 / 毛
艳丽著. -- 北京 : 中国水利水电出版社，2020.6
ISBN 978-7-5170-8521-8

Ⅰ. ①胞… Ⅱ. ①毛… Ⅲ. ①水污染－重金属污染－
废水处理－生物处理－研究 Ⅳ. ①X703.1

中国版本图书馆CIP数据核字(2020)第062730号

责任编辑：陈　洁	封面设计：邓利辉

书　　名	胞外生物高聚物制备及其污染物吸附机理研究 BAO WAI SHENGWU GAOJUWU ZHIBEI JI QI WURANWU XIFU JILI YANJIU
作　　者	毛艳丽　著
出版发行	中国水利水电出版社 （北京市海淀区玉渊潭南路 1 号 D 座　100038） 网址：www. waterpub. com. cn E-mail：mchannel@ 263. net（万水） 　　　　sales@ waterpub. com. cn 电话：（010）68367658（营销中心）、82562819（万水）
经　　售	全国各地新华书店和相关出版物销售网点
排　　版	北京万水电子信息有限公司
印　　刷	三河市元兴印务有限公司
规　　格	170mm×240mm　16 开本　12 印张　213 千字
版　　次	2020 年 6 月第 1 版　2020 年 6 月第 1 次印刷
印　　数	0001—3000 册
定　　价	54.00 元

凡购买我社图书，如有缺页、倒页、脱页的，本社营销中心负责调换

前　言

　　环境中金属污染物（如重金属离子）毒性大、危害深，对生态环境和人类健康存在着潜在的威胁。环境中的金属污染物的去除以及痕量金属污染物的测定显得尤为重要。但环境样品中金属污染物超低浓度特性、基体效应的影响，利用仪器直接测定它们一般很困难，而需经过样品分离/富集后再进入分析仪器检测，因此预分离/富集重金属污染物显得十分必要。固相萃取法(Solid Phase Extraction，SPE)因其具有操作简单、分离/富集倍数高、相分离速度快和易与不同的检测技术相结合等优点而受到广大分析工作者的关注。近年来，吸附容量大、动力学性能好、热力学性能稳定、不产生二次污染的新型固相萃取剂的开发成为研究的热点。

　　胞外生物高聚物(Extracelluar Polymeric Substances，EPS)是生物细胞的代谢产物，也是近年来受到广泛重视的一种新兴生物高分子材料，主要成分有多糖、蛋白质、核酸和脂类等。这些成分含有大量的氨基、羧基、羟基等活性基团，这些基团中的N、O、P、S等均可以提供孤对电子与金属离子形成络合物或螯合物，使溶液中金属离子被吸附。研究表明，胞外生物高聚物对一些金属离子具有很强的吸附能力，是痕量重金属离子理想的分离/富集材料。本书利用胞外生物高聚物PFC02和BC11分离/富集环境中的金属污染物。

　　本书主要包括以下几个方面的内容：

　　(1) 高絮凝活性胞外生物高聚物产生菌的筛选、分离和鉴定。本书从土壤、污水厂污水和玉带河水中分离得到两株高吸附性胞外生物高聚物产生菌，通过观察细菌的菌落形态和菌体形态、生理生化指标的测定以及 16SrDNA 的测序，鉴定分别为：荧光假单胞菌和蜡样芽孢杆菌。

（2）胞外生物高聚物 PFC02 的制备、表征和成分分析。通过单因素试验和正交试验优化了产生菌荧光假单胞菌 *Pseudomonas fluorescens* C-2 产生胞外生物高聚物 PFC02 的最佳培养条件：糖蜜废水浓度 10000 mg/L（以 COD_{Cr} 表示），培养基初始 pH 值为 7.0，接种量 2.5 mL/50 mL），培养温度 30 ℃，摇床转速 150 rpm。通过呈色反应、硅胶薄层色谱分析、紫外光谱分析和红外光谱分析发现所制备的胞外生物高聚物 PFC02 主要絮凝活性成分是多糖。

（3）胞外生物高聚物 PFC02 对环境中重金属污染物的吸附性能研究。具体包括如下：

1）本书采用胞外生物高聚物 PFC02 对溶液中的 Cd（Ⅱ）进行吸附试验，研究了吸附时间、吸附剂用量和 pH 值等方面对其吸附规律的影响。结果表明，pH 值为 6.0、投加量 5.0 g/L 时，Cd（Ⅱ）离子的吸附容量达到最大。Cd（Ⅱ）离子在不同温度下的吸附平衡用 Freundlich、Langmuir 和 Temkin 等温模型进行拟合。Langmuir 等温模型和准二级动力学方程能较好地描述生物高聚物 PFC02 吸附 Cd（Ⅱ）的热力学及动力学过程，最大单分子层吸附量为 40.16 mg/g。运用 SEM-EDX 和 FTIR 表征手段对 PFC02 吸附 Cd（Ⅱ）的吸附机理进行研究，结果表明，PFC02 对 Cd（Ⅱ）的吸附存在离子交换作用和 PFC02 中羟基、氨基、羧基等活性基团与 Cd（Ⅱ）离子的络合作用。在优化的实验条件下，本方法用于环境水样中 Cd（Ⅱ）的测定，检出限（3σ）为 2.9 ng/L，相对标准偏差为 1.6%~2.5%，加标回收率为 96.62%~102.50%。

2）本书运用 ICP-AES 法研究了胞外生物高聚物 PFC02 吸附 Ni（Ⅱ）的平衡、动力学特征。结果表明，吸附动力学数据符合准二级动力学方程，限速步骤是化学吸附过程。平衡实验数据符合

Langmuir 等温吸附模型。平衡吸附量随着温度的升高而降低，表明 PFC02 吸附 Ni(Ⅱ)为放热过程，可以自发进行。在 25 ℃时最大单分子层吸附量为 88.49 mg/g。运用 SEM-EDX 和 FTIR 等表征手段对胞外生物高聚物 PFC02 吸附 Cd(Ⅱ)和 Ni(Ⅱ)的吸附机理进行研究，结果表明，PFC02 对 Ni(Ⅱ)的吸附机理是胞外生物高聚物对 Ni(Ⅱ)的微沉淀成晶作用以及 PFC02 有机官能团中的羟基、氨基、羧基和 C-O-C 与 Ni(Ⅱ)离子发生络合作用。

（4）胞外生物高聚物 BC11 的制备和成分分析。本书以筛选出的高效产胞外生物高聚物菌株蜡样芽胞杆菌(*Bacillus cereus*)为试验菌株，采用单因素试验和正交试验设计方法，优化出该菌产胞外生物高聚物 BC11 的最佳培养条件：碳源为葡萄糖(18.0 g/L)，氮源为黄豆饼粉(3.50 g/L)，培养温度为 30 ℃，培养基初始 pH 值为 8.0，通气量为 160 rpm。通过多糖、蛋白质呈色反应结果显示此胞外生物高聚物含有多糖和蛋白质。通过定量分析此胞外高聚物中多糖和蛋白质含量分别为 80.70%和 19.10%。

（5）胞外生物高聚物 BC11 固相萃取分离/富集金属污染物的研究。具体如下：

1）本书以 BC11 作为生物吸附剂分离/富集水溶液中的 Pb(Ⅱ)。采用 IR 和 SEM 对吸附 Pb(Ⅱ)前后的胞外生物高聚物进行了表征。运用 FAAS 法探讨了酸度、吸附剂用量、接触时间和 Pb(Ⅱ)离子初始浓度对吸附行为的影响。在实验条件范围内，Pb(Ⅱ)在胞外生物高聚物上的吸附动力学和吸附热力学分别符合二级动力学模型和 Langmuir 吸附等温方程。FTIR 研究发现，高聚物有机官能团中的羟基、氨基、羧基和 C-O-C 是胞外高聚物与 Pb(Ⅱ)离子发生络合作用的主要官能团。在 pH 值为 6.2、吸附剂用量为 5.0 g/L、温度 30 ℃条件下，最大单分子层吸附容量为 41.33 mg/g。洗脱实验表明，被吸附的 Pb(Ⅱ)可用 0.50 mol/L 的硝酸定量洗脱，Pb(Ⅱ)的回收率达到 97.50%。在优化的实验条件下，实测了井水、自来水和玉带河水中 Pb(Ⅱ)的含量，加标回收率为 97.55%～100.50%。

2）本书利用火焰原子吸收光谱法研究了胞外生物高聚物 BC11 对 Cu(Ⅱ)的吸附行为。考查了影响吸附和解吸的主要因素及吸附过程的热力学和动力学性能，Cu(Ⅱ)在 BC11 上的吸附动力学和吸附热力学分别符合二级动力学模型和 Langmuir 吸附等温方程。对吸附过程的动力学行为的考查结果表明其化学吸附。根据 Langmuir 吸附等温方程，BC11 对 Cu(Ⅱ)的最大单分子层吸附容量为 36.98 mg/g。在优化的实验条件下，本法用于环境水样中 Cu(Ⅱ)的测定，回收率在 95.40%～101.00% 之间。结果表明，所提出的新方法具有稳定性好、吸附和解吸性能好的特点，适用于环境水样中 Cu(Ⅱ)的分离、富集和测定。

本书共 7 章，由河南城建学院毛艳丽、康海彦、宋忠贤共同撰写。其中第 2、3、4 章由毛艳丽撰写，第 5、6 章由康海彦撰写，第 1、7 章由宋忠贤撰写。本书由毛艳丽统稿，康海彦校稿。

本书受国家自然科学基金项目（项目编号：U1904174）、河南省科技攻关项目（项目编号：202102310604）、河南省科技攻关项目（项目编号：192102310241）、河南省科技攻关项目（项目编号：202102310280）、河南省高等学校重点科研项目（项目编号：18A610002）及河南省水体污染防治与修复重点实验室的资助，在此表示感谢。

作 者

2019 年 9 月 18 日

目　录

第 1 章

绪　论

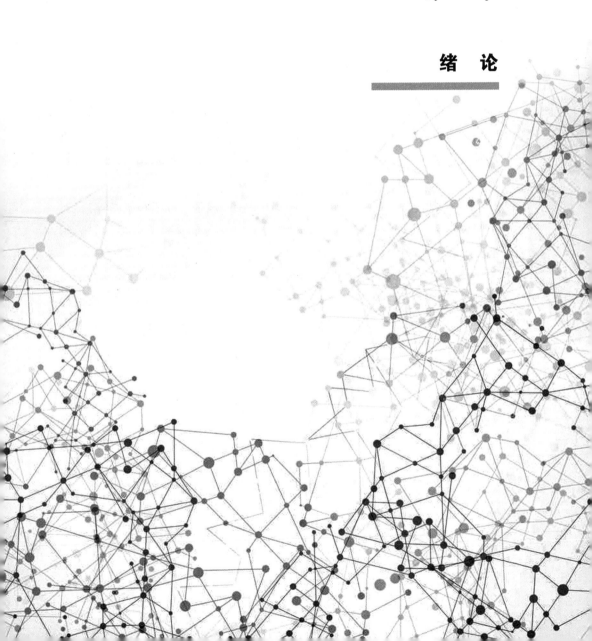

1.1 胞外生物高聚物的制备及应用

1.1.1 胞外生物高聚物及其特性

胞外生物高聚物(Extracelluar Polymeric Substances，EPS)是微生物在发酵过程中分泌的生物高分子物质，主要包括蛋白质[1~5]、糖类[6~13]、脂类、纤维素[14~16]、氨基酸的均聚物[17]、DNA[18,19]等物质，胞外高聚物的特定成分决定了其可自然降解、无二次污染、对环境和人类无毒无害。

胞外高聚物具有许多独特的性质和优点，具体如下：

(1)胞外高聚物为微生物的代谢产物，无毒无害，安全性高；胞外高聚物为微生物菌体分泌的高分子物质，属于天然有机高分子物质，相关毒理学实验证明其安全无毒。给小鼠、豚鼠注射 *R. erythropolis* 的细胞培养液，均不致病[20,21]。

(2)胞外高聚物中存在着大量阴离子基团(羧基、羟基和氨基等)，对不同类型金属离子表现出强烈的亲和性，对一些金属离子有很强的吸附能力[22~28]。

(3)胞外高聚物易被微生物降解，无二次污染，目前使用的许多无机和有机吸附剂，经过吸附之后形成的废渣不能或难以被生物降解，严重污染水体和土壤，造成二次污染，并且在水中积累达到一定浓度后，会对人体健康造成危害。胞外高聚物为微生物菌体分泌的高分子物质，主要成分为多聚糖、多肽和蛋白质等，属于天然有机高分子物质，它安全无毒，具有可生化性，易被微生物降解，不会影响水处理效果，且吸附后的残渣可被生物降解，对环境无害，不会造成二次污染[29~32]。

(4)用量少，使用范围广泛。

1.1.2 产胞外生物高聚物的微生物种类

能产生具有吸附性能的胞外生物高聚物的微生物种类有很多，通常土壤和活性污泥都是分离胞外生物高聚物产生菌的最好场所。表 1.1 列出了部分已见报道的胞外生物高聚物产生菌，包括细菌、放线菌、真菌以及藻类。

表 1.1　一些产生胞外生物高聚物的微生物

微生物名称	发现人及时间
Klebsiella sp.	DermLim et al. , 1999
Pestalotiopsis sp.	Kwon et al. , 1997
Oscillatoria sp.	Bender et al. , 1994
N. amarae	Takeda et al. , 1992
Nocardia restrica	Tong et al. , 1999
Nocardia calcarea	Tong et al. , 1999
Nocardia rhodni	Tong et al. , 1999
Streptomyces griseus	Shimofuruya et al. , 1996
Streptomyces vinaceus	Nakamura et al. , 1976
R. erythropolis	Kurane et al. , 1986a; Takeda et al. , 1991b
Acinetobacter sp.	Kurane and Matsuyama, 1994
Alc. latus	Kurane and Nohata, 1991, 1994
Fluorescen cupidus	Toeda and Kurane, 1991
Fluorescen faecalis	Shimiziu, 1985
Corynebacterium hydrocarbonacalastus	Zajic and Knetting, 1971
Corynebacterium brevicale	Nakamura et al. , 1976d
Dematinum sp.	Tong et al. , 1999
Mycobacterium phlei	Misra, 1993
Pseudomonas sp.	Tago and Aida, 1977
Pseudomonas aeruginosa	Nakamura et al. , 1976d

微生物名称	发现人及时间
Pseudomonasfluorescens C-2t	Nakamura et al. , 1976d
Bacillus sp.	Kim，1993；Yokoi et al. , 1995
Kluyveromyces marxianus	Sousa et al. , 1992
K. cryocrescens	Kakii et al. , 1990
Z. ramigera	Norberg and Enfors，1982
Methylobacterium rhodesianum	Tong et al. , 1999
Flavobacterium sp.	Hantula and Bamford，1991a
Lactobacillus fermentum	Fumio，1991
Brevibacterium insectiphilum	Nakamura et al. , 1976d
Staphylococcus aureus	Nakamura et al. , 1976d
Phormidium sp.	Bar-Or and Shilo，1987
Anabaenopsis circularis	Levy et al. , 1992
Chlamydomonas mexicana	Takagi and Kadowaki，1985
Calothrix desertica	Bar-Or and Shilo，1987
Oscillatoria sp.	Bender et al. , 1994
Circinella sydowi	Nakamura et al. , 1976d
Aspergillus sojae	Nakamura et al. , 1976a，b，c，d
Aspergillus ochraceus	Nakamura et al. , 1976d
Hansenula anomala	Nam et al. , 1999
Saccharomyces cerevisiae	Saito et al. , 1990
Saccharomyces diataticus	Guirand，1991
Enterobacter sp.	Kurane and Matsuyama，1994
Oerskovia sp.	Kurane and Matsuyama，1994
Agrobacterium sp.	Kurane and Matsuyama，1995

1.1.3 胞外生物高聚物产生菌发酵条件及优化

1.1.3.1 培养条件对胞外生物高聚物产生的影响

胞外高聚物是由微生物在特定培养条件下生长代谢至一定阶段所产生的一种生物高分子物质。它的产生不仅与微生物菌种的遗传性状有关，而且与培养条件密切相关。产胞外高聚物微生物的培养条件不仅关系产高聚物微生物的筛选效率和吸附性能的改进，而且是胞外生物高聚物能否进入工业化应用的关键因素。因而，它引起了一些研究者的关注。下面就从影响胞外生物高聚物产生及微生物生长的因素(碳源、氮源、无机离子、pH值、培养温度、通气量等)进行探讨。

1. 碳源

碳源的主要作用是构成微生物细胞含碳物质和供给微生物生长、繁殖及运动所需要的能量。碳源是组成培养基的主要成分之一。常用碳源有糖类、有机酸及低碳醇等。微生物在生长和分泌胞外生物高聚物的过程中，由于自身的需求和生长特点，所需要碳源的种类各不相同，可以是单一的碳源，也可以是复合碳源。

Kurane 在利用 *R. erythropolis* 生产生物高聚物时，以 0.5%的蔗糖和 0.5%的葡萄糖为培养基碳源时，高聚物的产量要高于以 8.0%废糖浆和 1.0%蔗糖为培养基碳源时的产量[33]。Kuma 等[34]实验结果表明，葡萄糖、蔗糖、乳糖、甘油和乙醇是菌 E-9 产胞外高聚物的良好碳源，而淀粉和玉米作碳源时，絮凝率不高。Mishra 等[35]研究的寄生曲霉，分别以蔗糖和甘油作为碳源时，絮凝率高达 91.0%。以果糖为碳源培养协腹产碱杆菌 (*Alcaligene cupidus*)比其他碳源更有利于胞外高聚物的合成[36]。以葡萄糖、半乳糖和果糖为碳源比麦芽糖和淀粉更有利于 *Alcaligene cupidus* 分泌絮凝剂[37]。甘油、可溶性淀粉分别是 *Bacillussubtills* TB11、*Bacillus sp.* DP-152 分泌絮凝剂的最佳碳源。Thomas 等[38]认为 TH6 蔗糖是产胞外高聚物的良好碳源，产生的菌量相对较多，其次为葡萄糖，而以其他物质为碳源，絮凝率较低。邓述波等[39]筛选的芽孢杆菌 A-9，淀粉为碳源更有利于该菌分泌絮凝剂。

2. 氮源

凡是构成微生物细胞物质或代谢产物中氮素来源的营养物质称为氮源。氮源包括有机氮源和无机氮源两大类，有机氮源包括牛肉膏、酵母膏、蛋白胨、谷氨酸、蛋白质等，无机氮源包括 N_2、KNO_3、$NaNO_3$、尿素、$(NH_4)_2SO_4$、NH_4Cl 等。Shih 等[40]研究发现，$NaNO_3$是曲霉的最佳培养氮源，而 $(NH_4)_2SO_4$ 和 NH_4NO_3 作氮源时，菌株生长旺盛，但发酵液絮凝活性较差。何宁等[41]发现单一氮源均不利于 *Nocardia sp.* CCTCC M201005 合成絮凝剂，而玉米浆和酵母膏分别与尿素复配时对菌株生长和絮凝剂产生的刺激作用都比较显著。朱丹[42]等研究的微生物絮凝剂，以无机氮做氮源得到的高聚物絮凝活性优于有机氮，其中以 $NaNO_3$ 作氮源时絮凝活性最高。拟青霉菌属(*Paecilomyces sp.* I-I)以酪蛋白水解物为氮源时有利于胞外高聚物的合成，当加入牛肉膏或酵母膏时，只促进菌株的生长，而胞外高聚物产量基本不变。

3. 无机盐

无机盐也是微生物生长所不可缺少的营养物质。其主要功能是：构成细胞的组成成分，作为酶的组成成分，维持酶的活性，调节细胞的渗透压、氢离子浓度和氧化还原电位，作为某些自氧菌的能源。磷、硫、钾、钠、钙、镁等盐参与细胞结构组成，并与能量转移、细胞透性调节功能有关。

对于黄质菌属，在培养基中添加适量的 Ca^{2+}、Ba^{2+}、Mn^{2+}能够促进其絮凝剂的合成，但 Mg^{2+}会抑制菌株生长[43]。奕兴社等[44]的实验发现培养基中添加 $CaCl_2$、$ZnCl_2$有利于絮凝剂的生成，而 $FeCl_3$能够刺激菌体的生长，却降低了高聚物的活性，$CoCl_2$严重地抑制了胞外高聚物的形成，$AlCl_3$在菌株发酵过程中既抑制了菌体的生长又影响了胞外高聚物的产生。

4. 培养基的初始 pH 值

培养基的初始 pH 值可影响胞外生物高聚物产生菌的生长和高聚物的分泌。过高或过低的 pH 值对微生物是不利的，表现在以下几方面：

（1）由于 pH 值的变化，引起微生物菌体表面的电荷改变，进而影响微生物对营养物质的吸收。

（2）pH 值对微生物细胞有直接影响，也可以影响培养基中有机化合物的离子化作用，从而对微生物有间接影响。

（3）酶只有在最适宜的 pH 值时才能发挥其最大活性，不适宜的 pH 值使酶的活性降低，进而影响生物细胞内的生物化学过程。

（4）过低或过高 pH 值都降低生物对高温的抵抗能力。因此选择合适的初始 pH 值对微生物培养胞外生物高聚物的产生有很大的影响。

5. 培养温度

培养温度对菌的生长和絮凝剂的产生都有明显的影响。虽然不同的微生物絮凝剂产生菌的最适培养温度不同，但一般的最适温度范围在 28 ～ 35 ℃之间。*Asp. sojae* AJ7002 于 25 ℃培养时菌株生长最快，而在 30 ～ 35 ℃培养时胞外生物高聚物产量最高。*Pseudomanas sp.* GX4-1 在 30 ℃时，合成高聚物絮凝效果最好。

6. 通气量

在胞外生物高聚物产生菌的培养过程中，通气量对高聚物的合成也有影响。研究表明培养初期较大的通气量有利于生物高聚物的合成。在培养后期，培养液的絮凝活性最大，要注意减少通气量，过大的鼓气速率会使絮凝性大大降低。但也有报道，通气量加大会刺激某些细胞产生生物高聚物或者对高聚物产生没有影响。

1.1.3.2 胞外生物高聚物培养基的廉价替代品

1. 替代碳源

Sangeeta[45]等研究了 *Citrobacteri sp.* TK F04 以低分子量的挥发性脂肪酸（如乙酸）为培养基碳源生产微生物絮凝剂获得了较高的分泌胞外高聚物的效率。Fujita[46]等以乙醇作为发酵液的碳源，培养 *R. erythropolis* 菌株时，发现其比葡萄糖、果糖等更有利于胞外高聚物絮凝剂 NOC-1 的合成，并且其他醇类也有同样的效果。另外，罐头加工厂的含鱼血废物也是 *R. erythropolis* 生产絮凝剂的良好碳源。朱艳彬等[47]采用秸秆等富含纤维素的农业废弃物作为培养基的碳源，采用纤维素降解菌群和絮凝菌群两段式发酵方式，发酵体系中纤维素的降解产物很快被絮凝菌利用，实现了纤维素降解和微生物絮凝两个过程的有机组合。马放[48]等研究了将纤维素分解菌和絮凝剂产生菌混合培养时，发现能利用纤维素作为碳源产絮凝剂。龙文芳等[49]研究的替代培养基为：干黄显粉液与干葡萄液(均5g/L)的混合液，按1:1比例混合实验表明C/N为15～25时有较高絮凝率。

2. 替代氮源

黄民生等[50]筛选的产高絮凝活性物质的动胶菌属SH-1，使用黄豆汁替代酵母膏以及添加适量Mg^{2+}可明显提高絮凝效果，且降低了絮凝剂的生产成本。Kurane等对$R. erythropolis$进行研究时，发现用水产加工废水、豆饼等可作为生产微生物絮凝剂的替代氮源，培养基的价格下降了2/3以上；除此之外，还有以米糠、鱼肉和葵花子粉作为培养基的氮源生产微生物絮凝剂。

3. 利用高浓度有机废水作为替代培养基

周旭等[51]利用鱼粉废水培养$Pse- udomonas. sp.$ GX4-1合成胞外高聚物PSD-1，在适宜条件下絮凝活性稳定高达95.0%以上。李剑等[52]利用乳品加工废水培养气肠杆菌GL-3，以乙醇作为补充碳源，在最佳培养条件下，得到的微生物絮凝剂絮凝率达到97.4%。刘立凡等[53]利用糖蜜废水培养产絮凝剂菌HHE-P7，最佳培养条件下，絮凝剂产量可达到3.1g/L。

1.1.4 胞外生物高聚物的提取及纯化

由于胞外生物高聚物的化学成分主要是多聚糖和蛋白质，因而提取方法与一般的多聚糖和蛋白质的提取方法无太大区别。首先用离心或过滤的方法除去菌体，离心条件一般为中高速(5000～10000 rpm)。然后根据发酵液以及絮凝性质不同，采用不同的药剂进行沉淀、萃取。如用乙醇沉淀，硫酸铵盐析，丙酮分馏等。对于一些结构复杂、成分多的絮凝剂，要用多种方法(如用酸碱、有机溶剂等)配合起来得到粗品。最后将粗品溶于水，通过离子交换树脂、凝胶色谱等纯化分离可得到纯品。提取方法有多种，因絮凝剂的具体结构而异，常用的有下面三种。

1.1.4.1 凝胶电泳

将细菌培养物过滤，取滤液用 6.0 mol/L 的盐酸把 pH 值调到 7.0，离心分离沉淀，取沉淀物加 0.5 mol/L 的 NaOH 溶解，离心分离。取沉淀，用 1∶1 的氯仿和甲醇混合液提取，离心，用 0.1 mol/L 的盐酸将沉淀溶解，再加 6.0 mol/L 的 NaOH 溶液调 pH 值到 7.0，离心，用乙酸盐缓冲液 (0.01 mol/L，pH 值为 4.0) 溶解沉淀物。最后用 DEAE 琼脂糖凝胶柱(A-50)色谱和琼脂凝胶柱(G-200)色谱分离提纯。这样就可以获得纯品，可以进行化学分析。

1.1.4.2 溶剂提取

用乙醇或丙酮提取可以获得胞外生物高聚物的粗制剂。将菌体培养液过滤或离心(4000～10000 rpm 下 10～20 min)，收集上清液，将收集到的上清液加入体积比为 1∶1～3∶1 的预冷无水乙醇或丙酮(4 ℃)，置于 4 ℃的冰箱中静置过夜，使产生的沉淀稳定。通过离心(4000 rpm)收集沉淀，并用 4 ℃无水乙醇脱水数次，脱水过程中将沉淀碾磨粉粹，促进其脱水，然后常温下进行真空干燥并沉淀至恒重，最后得到絮凝剂的粗制剂。

1.1.4.3 碱提取法

用氢氧化钠溶液从活性污泥中提取胞外生物高聚物的方法如下：将经驯化的活性污泥静置，用水洗污泥三次。加入 NaOH 溶液，慢速搅拌数小时。离心后取上清液，加乙醇，达到 60%的浓度，并把它放置在 4 ℃冰箱中过夜。离心后去上清液，加 60%乙醇，离心后去上清液，加 90%乙醇，离心后去上清液，加乙醚，离心后去上清液。将沉积物溶于少量蒸馏水中，在 2～3 天内透析数次。在 50 ℃下减压浓缩，并冷冻干燥成粉状，得到精制絮凝剂。

1.1.5 胞外高聚物的化学组成及分类

近年来，国内外研究者借助各种技术手段对多种胞外生物高聚物的组成与性质进行了较为详细的分析。现将近几年一些较深入研究的胞外生物高聚物物质属性、化学组成和相对分子质量归纳见表 1.2。

表 1.2　EPS 的化学组成、物质属性和相对分子质量

胞外高聚物产生菌	胞外高聚物	胞外高聚物化学组成	物质属性	相对分子质量
R-3mixed[54] microbes	APR-3	葡萄糖、半乳糖、琥珀酸、丙酮酸物质的量比为 5.6∶1∶0.6∶2.5	酸性多糖	>2×10⁶
Aspergillus sojue[55]	AJ 7002	20.9%的半乳糖胺、0.3%葡糖胺、35.3% 2-酮葡糖酸、27.5%蛋白质	蛋白质、己糖	> 2 ×10⁵
Aspergillus parasiticus[56]	AHU 7165	半乳糖胺，55 %～65%的半乳糖胺残基	多糖类	3×10⁵～1×10⁶
Bacillus sp. DP-152[57]	DP-152	葡萄糖∶甘露糖∶半乳糖∶海藻糖 = 8∶4∶2∶1（摩尔比）	多聚糖	>2 ×10⁶
Klebsiella sp. S11[58]		半乳糖∶葡萄糖∶甘露糖 = 5∶2∶1（摩尔比）	酸性多聚糖	> 2 ×10⁶
Klebsiella pneumoniae H12[59]		56.04%半乳糖、25.92%葡萄糖、10.92%半乳糖醛酸、3.71%甘露糖、3.37%葡萄糖醛酸	多聚糖	
Bacillus sp. As-101[60]		由蛋白质、糖、有机酸组成	糖蛋白衍生物	
Bacilluslichenif ormis[61]		聚谷氨酸（PGA）	谷氨酸聚合物	2.75 ×10⁶
Sorangium cellulosum NUS T06[62]	SC06	由葡萄糖、甘露糖和葡萄糖醛酸组成，其比例约为 5∶3∶1		
Bacillus firmus[63]		由葡萄糖、果糖、甘露糖、半乳糖以摩尔比为 12.1∶5.7∶3.1∶1 的比例组成	酸性多聚糖	2 ×10⁶

胞外高聚物产生菌	胞外高聚物	胞外高聚物化学组成	物质属性	相对分子质量
Nannocystis sp. NU-2[64]		由蛋白质（40.30%）和多聚糖（56.50%）组成，其中多聚糖是由葡萄糖、甘露糖、葡萄糖醛酸以 5：4：1 的比例组成	糖蛋白	
Corynebacterium glutamicu[65]	REA-11	由半乳糖醛酸作为结构单元，同时含有微量的蛋白质	糖蛋白	1×10^5
Bacill us mucilagi nosus[66]	MBF A9	糖醛酸（19.10%）、中性糖（47.40%）、氨基糖（2.70%）	多聚糖	2.5×10^6
Haloalkalophilic Bacillus sp. I-450[67]		中性糖（52.40%）、糖醛酸（17.20%）和氨基糖（2.40%）	酸性多聚糖	2.2×10^6
Phorimidium sp.[68]		氨基酸、甘露糖、鼠李糖、半乳糖等	磺酸异多糖	
Rhodococcus erythropolis[69]	NOC-1	蛋白质，并含有疏水氨基酸	蛋白质	7.5×10^5
Nocardia. sp.[70]	JIM-89	多糖、蛋白质、水质量分数分别为：67.50%、1.54%、16.22%	多糖蛋白	

目前已知的胞外生物高聚物大多为多糖类和蛋白质类物质，也有少数高聚物为脂类、DNA 等其他生物大分子。据报道，已知絮凝能力最好的胞外生物高聚物絮凝剂 NOC-1 的主要成分为蛋白质，而且分子中含有较多的疏水氨基酸，包括丙氨酸、谷氨酸、甘氨酸、天冬氨酸等，其最大相对分子质量为 750000[68]。目前发现的唯一的脂类絮凝剂是 1994 年 Kurane 首次从 *R. erythropolis* S-1 培养液中分离出来的一种脂类絮凝剂[70]。其分子中含有葡萄糖单霉菌酸酯(GM)、海藻糖单霉菌酸酯(TM)、海藻糖二霉菌酸酯(TDM) 三种组分，分子量大于 10^6。霉菌酸碳链长度从 C_{32} 到 C_{40} 不等，其中以 C_{34}、C_{36} 和 C_{38} 居多。Kazuo Sakka 与 HajimeTakahashi 研究发现，高分子量的天然双链 DNA 是 *Pseudomonas* strain C-120 菌体细胞凝集的直接原因。光合细菌 *Rhodovulum* sp. PS88 的絮凝活性与该菌分泌到胞外的 DNA 亦

直接相关。另外，某些生物絮凝剂的分子组成会随培养条件的改变而发生变化。*Mycobacteria* 和 *Nocardia* 合成的絮凝剂分子中霉菌酸的碳链长度及不饱和度会随培养温度的变化而变化；*Rhodococcus rhodoch rous* 则能够通过改变培养基中的碳源而改变含霉菌酸的絮凝剂的分子结构。由此，可以设想，利用微生物的这一特性可以通过改造分子结构，为构造更高活性的胞外生物高聚物吸附剂提供了有利条件。

1.1.6 胞外高聚物的吸附行为及机理

胞外生物高聚物对金属离子的吸附作用取决于高聚物本身特性和金属自身对胞外高聚物的亲合性。胞外生物高聚物是生物细胞的代谢产物，主要成分有多糖、蛋白质、核酸和脂类等。这些成分含有大量对重金属离子有吸附作用的活性基团，如氨基、羧基和羟基等，吸附机理涉及表面络合、离子交换、氧化还原和微沉淀等。

1.1.6.1 表面络合/螯合机理

络合作用是金属离子与几个配基以配位键相结合形成复杂离子或分子的过程。螯合作用是一个配基上同时有两个以上配位原子与金属结合而形成具有环状结构的配合物的过程。螯合作用和络合作用都是金属离子与生物吸附剂之间的主要作用方式。在胞外生物高聚物的外表面含有能和金属离子发生反应的各种带负电的活性基团，如氨基、酰氨基、羧基、羟基、磷酰基和硫酸盐等，这些活性基团一般来自糖类、蛋白质类、脂类、磷酸盐、胺等物质，其分子内含有 N、P、S 和 O 等电负性较大的原子或基团，能与金属离子发生螯合或络合作用，使溶液中金属离子被吸附。

周维芝[71]等通过比较深海适冷菌 *Pseudoalteromonas sp.* SM9913 分泌的胞外多糖（EPS）对 Pb（Ⅱ）和 Cu（Ⅱ）吸附的红外光谱图变化发现，吸附 Pb（Ⅱ）和 Cu（Ⅱ）后，羟基的最大吸收位置从 3445/cm 分别迁移至 3421/cm 和 3435/cm，羧基的最大吸收峰也向低波数发生不同程度漂移，而位于 1020～1160/cm 间 C-O-C 的吸收峰从原来的多而杂变得较为单一，这是由于 EPS 结构中的 O 在吸附过程中通过络合等方式与 Pb（Ⅱ）和 Cu（Ⅱ）相作用，从而降低了含氧官能团的电子云密度，改变了它们的振动频率和振动强度。EPS 吸附前后的红外谱图的变化说明，EPS 中有机官能团中的 C＝O、C＝O-OH、O＝C-O-和 C-O-C 是 EPS 与金属离子发生络合作用的官能团。熊芬[72]等通过对比烟曲霉 EPS 吸附 Pb(Ⅱ)前后 FTIR 谱图发现，EPS 吸附 Pb(Ⅱ)后，谱图 1396/cm 处 C＝O 的伸缩振动有弱化现象。羧基官能团与 Pb(Ⅱ)发生了络合，多糖羟基的变形振动和 C-O-C 的伸缩振动谱峰峰形发生了变化，烟曲霉 EPS 与 Pb(Ⅱ)的作用过程中，起主要作用的是多聚糖中的羟基、羧基和 C-O-C 等基团。李建宏[73]等研究发现极大螺旋藻(*Spirulina maxima*)所产胞外多糖与与 Co Ⅱ、Ni Ⅱ、Cu Ⅱ、Zn Ⅱ金属离子的结合主要是通过多糖的-OH、-CONH 与金属离子进行络合。Teszos 等[74]通过比较吸附钍和铀前后的胞外高聚物红外光谱图变化发现，在吸附了钍后，谱图中出现了钍-氮键振动峰，他们认为是高聚物甲壳质上的氮和钍发生了络合作用。Guibal 等[75]研究表明，真菌 *A. niger*、*P. chrysogenum* 和 *M. miehei* 的胞外高聚物主要含有聚氨基葡萄糖和糖蛋白纤维，铀酰离子在高聚物上的吸附导致氨基或酰胺基红外吸收峰强度的降低，表明铀酰离子主要与高聚物上的氨基发生配位络合。Tobin[76]在研究中发现碱金属离子被微生物所吸附，这从另一方证实了生物细胞与金属离子的结合的确是与某些含 N、P 和 S 等配位原子的特殊官能团有关。

1.1.6.2 离子交换机理

胞外生物高聚物中含有大量的结构多糖，这些多糖常表现出和离子交换树脂类似的特性，能与溶液中的金属离子发生离子交换作用。胞外生物高聚物与金属离子的交换机理即高聚物在吸附重金属离子的同时，伴随有其他阳离子被释放。何宝燕等[77]利用 X 射线衍射能谱、原子力显微镜表征手段研究了酵母融合菌水中铬的吸附，研究发现，酵母菌细胞壁在吸附铬的过程中，伴随着 K^+、Mg^{2+}、Na^+、Ca^{2+} 等阳离子的大量释放，铬离子和质子的跨膜运输与阳离子释放相耦合，说明胞外生物高聚物阳离子与铬存在一定的离子交换作用。孙道华等[78]考查了 SH10 吸附 Ag^+ 前后溶液 Na^+、K^+、Mg^{2+} 浓度的变化，结果发现，SH10 吸附 Ag^+ 后，溶液中的 Na^+、K^+、Mg^{2+} 含量均有少量的增加，吸附后 1.0 L 吸附液中 Na^+、K^+、Mg^{2+} 共增加了 2.2 mg。说明 SH10 吸附 Ag^+ 的过程中存在着一定程度的离子交换作用。

1.1.6.3 氧化还原及无机微沉淀机理

无机微沉淀是易水解而形成聚合水解产物金属离子在细胞表面形成无机沉淀物的过程。变价金属离子在具有还原能力的胞外生物高聚物上吸附,有可能发生氧化还原反应。Hosea[79] 和 Greene[80] 发现 *Chlorella vulgaris* 可将吸附的 Au Ⅲ 依次还原为 Au Ⅰ 和 Au。Strandberg 等[81] 在研究 *Saccharomyoes cerevisiae* 细胞对钨的吸附发现,钨沉积在细胞表面,外形呈针状纤维层,这种累计的速度受到环境因素(如 pH 值、温度)的影响。这种沉积层可采用化学方法洗脱,从而使细胞吸附剂重复使用。曾景海等[82]运用 SEM 及 EDAX 研究了 *Bacillus cereus* HQ-1 对银离子的吸附,结果表明银离子和菌体产生的胞外高聚物发生相互作用生成晶体状微沉淀从而实现金属离子的矿化,可见微沉淀是 *Bacillus cereus* HQ-1 对银离子吸附富集的重要原理。

此外,有的研究者还提出了酶促反应等机理,生物吸附重金属离子的过程可能存在一种作用机理,也可能几种机理同时起作用,但除了表面络合机理,离子交换机理被大多数研究者认同外,其余机理均为少数现象,尚待进一步证实。

1.1.7 胞外生物高聚物在金属离子分离/富集中的应用

胞外生物高聚物是生物细胞的代谢产物,主要成分有多糖、蛋白质、核酸和脂类等。这些成分含有大量的氨基、羧基、羟基、胍基、亚胺基等活性基团,这些基团中的 N、O、P、S 等均可以提供孤对电子与金属离子形成络合物或螯合物,使溶液中的金属离子被吸附。另外,胞外生物高聚物中含有大量结构多糖,这些多糖常常表现出和离子交换树脂类似的特性,能与溶液中的金属离子发生离子交换作用。

Brown[83]在 1979 年最早描述了细菌 EPS 去除重金属的过程机理。Guibaud 等[84]研究表明,活性污泥 EPS 对 Pb^{2+}、Cd^{2+} 和 Ni^{2+} 的络合能力强于纯培养细菌 EPS。Pérez 等[85]也发现了一株细菌,其胞外多糖对 Pb^{2+} 有很强的结合能力。Zhang[86] 等将 *Bacillus* sp. F19 产生的胞外生物高聚物

MBFF19 作为生物吸附剂用于吸附水溶液中的 Cu(Ⅱ)离子，并研究了溶液初始 pH 值、吸附时间、Cu(Ⅱ)离子初始浓度、吸附剂用量对吸附率的影响。胞外高聚物 MBFF19 对 Cu(Ⅱ)的吸附较易进行，10 min 内建立吸附平衡，吸附等温线能较好地遵循 Langmuir 模型，最大单分子层吸附量为 89.62mg/g,吸附动力学很好地符合准二级动力学模型。

Zhou[87]等将深海嗜温细菌 SM-A87 产生的胞外高聚物 SM-A87EPS 作为生物吸附剂进行了富集/分离水溶液中的 Cu(Ⅱ)和 Cd(Ⅱ)的研究，探讨了胞外高聚物用量、溶液初始 pH 值、离子强度对胞外高聚物吸附率的影响。生物高聚物 SM-A87EPS 分别在 pH 值为 5.0 和 6.0 对 Cu(Ⅱ)和 Cd(Ⅱ)最大吸附量分别为 48.00mg/g 和 39.75mg/g。在 Cu(Ⅱ)-Cd(Ⅱ)二元体系中 SM-A87EPS 对 Cu(Ⅱ)离子具有独特的优先吸附性。SM-A87EPS 对 Cu(Ⅱ)和 Cd(Ⅱ)的吸附等温线能较好地用 Langmuir 模型来描述，吸附动力学很好地符合准二级动力学模型。红外光谱分析表明 SM-A87EPS 中的-OH、COO-和 C-O-C 参与了金属离子的吸附。

Stephen Inbaraj[88]等将胞外高聚物 γ-PGA 用于吸附水溶液中的 Hg(Ⅱ),研究了溶液初始 pH 值、温度、振荡时间、离子强度对高聚物 γ-PGA 吸附率的影响。在吸附溶液最佳初始 pH 值为 6.0 时，对 80 mg/L Hg(Ⅱ) 5 min 内有 90%的吸附率，并考查了共存离子的干扰。用盐酸做洗脱液，pH 值为 2.0 时被吸附的 Hg(Ⅱ)的回收率为 98.80%。Moon S H[89]等以 *Pestalotiopsis sp.* KCTC 8637P 产生的胞外高聚物作为吸附剂，研究胞外高聚物对 Pb(Ⅱ)和 Zn(Ⅱ)的吸附，结果表明，胞外高聚物对 Pb(Ⅱ)和 Zn(Ⅱ)的吸附平衡均能较好地用 Freundlich 模型来描述，而且更适用 Langmuir 模型，最大吸附量 q_m 分别为 120.00mg/g 和 60.00mg/g。

李强等[90]研究了 *A grobacterium* sp. 产生的胞外高聚物 ZL5-2 对 Cr(Ⅵ)的吸附作用，并对吸附 Cr(Ⅵ)前后及解吸附后 ZL5-2 进行了红外光谱分析。结果表明，ZL5-2 对 Cr(Ⅵ)吸附的最佳 pH 值为 0.5～1.5，随着 pH 值的增大，吸附作用减弱。ZL5-2 吸附 Cr(Ⅵ)可在短时间内完成，10 min 时即有 65.40%的 Cr(Ⅵ)被吸附，60 min 时吸附率达到 90.00%以上，80 min 后所有的 Cr(Ⅵ)都被吸附。该吸附过程符合 Langmuir 和 Freundlich 等温吸附方程。被吸附的 Cr(Ⅵ)可以被定量解吸附，解吸率为 13.60%～67.90%。通过红外光谱分析，推测该吸附过程属于物理吸附，存在可逆吸附和不可逆吸附，以可逆吸附为主。

周维芝等[71]采用深海适冷菌 *Pseudoalteromonas* sp. SM9913 分泌的胞外多糖(EPS)分别对 Pb^{2+} 和 Cu^{2+} 进行吸附，研究胞外多糖用量、pH 值、吸附时间和共存离子对 EPS 吸附性能的影响及 EPS 对 Pb^{2+} 和 Cu^{2+} 的吸附热力学。结果表明，EPS 对 Pb^{2+} 和 Cu^{2+} 的最佳吸附 pH 值分别为 4.5～5.5 和 4.5～6.0。EPS 对 Cu^{2+} 的吸附平衡时间为 90 min，对 Pb^{2+} 吸附平衡时间则长达 180 min。共存离子 Ca^{2+}、Mg^{2+}、Na^+、K^+ 的加入均降低了 EPS 对 Pb^{2+} 的吸附量，Ca^{2+}、Mg^{2+} 的加入降低了 EPS 对 Cu^{2+} 的吸附量，但低浓度的 Na^+ 和实验范围浓度 K^+ 不仅没有降低反而增加了 EPS 对 Cu^{2+} 的吸附量。Freundlich 和 Dubinin-Radushkevich 方程均能较好地描述 SM9913 胞外多糖吸附 Pb^{2+} 和 Cu^{2+} 热力学过程。胞外多糖吸附金属离子前后的红外光谱分析表明，多聚糖中 C-O-C、乙酰基和羟基是起主要吸附作用的官能团。

1.2 环境金属污染物分离/富集及应用

1.2.1 引言

环境中金属污染物因其毒性大、不能降解、对环境污染严重而备受人们的关注[91~95]。在环境中大多数金属污染物以微量形式存在，对于环境样品中金属污染物的测定常需要进行预分离/富集。分离/富集不仅可提高待测微量/痕量组分的检测限，而且还可以提高化学分析和一起分析结果的精密度、准确度、扩展仪器分析的应用领域。随着科学技术的进步，各种方法互相渗透，经典的分离/富集技术不断完善，新材料、新技术、新方法也不断涌现。目前，对于微量/痕量金属常用的预分离/富集材料主要有螯合树脂[96]、活性碳[97]、壳聚糖[98,99]、生吸材料[100~106]等，本节介绍了一些常用的方法，重点介绍了生物材料吸附剂在金属分离/富集中的研究应用进展。

1.2.2 分离富集法

1.2.2.1 沉淀法

在样品溶液中加入适当沉淀剂，利用沉淀反应，使被测组分沉淀出来或将干扰组分沉淀出去，从而达到分离目的。该方法优点是操作简单、成本低，缺点是分离不彻底，不适合痕量及超痕量组分的分离。如Vasconcellos 等[107]运用均相沉淀技术从稀土中成功分离出铱。苏耀东、程祥圣[108]在弱酸介质中，使 Bi^{3+} 与 S^{2-} 形成难溶于水的 Bi_2S_3 从溶液中分离/富集出来，经 HNO_3 溶解后，直接用原子吸收法测定，方法简单快速，可用于钢铁废水及污染水中微量锡的分析。

1.2.2.2 共沉淀法

共沉淀法是在20世纪60年代发展起来的。它是指在溶液中加入沉淀剂和少量金属离子(称为载体)，通过共沉淀载体在沉淀过程中进行吸附和混晶等作用，使痕量甚至超痕量的分析物与载体一起从溶液中析出而达到分离/富集的目的。与具有高选择性的固体结合，使富集倍数极大提高而被用于超痕量分析，新的共沉淀捕集剂(如金属氢氧化物)的不断涌现使该方法具有不需有机试剂、易于离心分离以及回收率高等优点而获得广泛应用。许多性能优良的有机沉淀剂至今仍广泛应用于共沉淀分离/富集中，如二乙基硫代氨基甲酸盐(DDTC)、8-羟基喹啉和1-(2-吡啶偶氮)-2-萘酚(PAN)[109]。胡晓斌[110]等将水样中痕量铅(Ⅱ)及镉(Ⅱ)通过用2-疏基苯并噻唑与铜(Ⅱ)所生成的沉淀作载体从 pH 值为9.0 的氨性缓冲溶液中共沉淀。用离心法将沉淀从溶液中分离后溶于稀硝酸中，按所选定的分析条件用石墨炉原子吸收光谱法测定其中两元素的含量，应用此法分离/富集并测定了3种水样中痕量铅(Ⅱ)及镉(Ⅱ)，结果满意。

1.2.3 离子交换法

离子交换法是金属离子与离子交换树脂发生离子交换的过程，其实质是不溶性离子化合物(离子交换剂)上的可交换离子与溶液中的其他同性离子的交换反应,是一种特殊的吸附过程,通常是可逆性化学吸附。离子交换剂种类很多,主要分为无机和有机离子交换剂两大类。阳离子交换树脂一般有磺酸基($-SO_3H$)或苯酚基($-C_6H_4OH$)等酸性基团,其中的 H^+ 能与溶液中的金属离子或其他阳离子进行交换。阴离子交换树脂含有季胺基[$-N(CH_3)_3OH$]、亚胺基($-NH-$)等碱性基团,它们在水中能生成 OH^- 离子,可与各种阴离子起交换作用。离子交换过程是可逆的,用过的离子交换树脂一般经过适当浓度的无机酸或碱进行洗涤,可恢复到原状态而重复使用。在分析化学中应用较多的是有机离子交换剂。根据树脂中存在的可交换活性基团不同,离子交换树脂分为阳离子交换树脂和阴离子交换树脂,离子交换树脂吸附主要靠静电引力,所以能被阳离子树脂吸附的是络离子中带负电的络阴离子,且带负电越多的络阴离子吸附势越大。用离子交换树脂分离/富集金属离子操作简单、成本低,研究很早也很普遍[111~113]。

1.2.4 液-液萃取法

液-液萃取是一种操作简单、应用很普遍的分离/富集方法。这种方法以分配定律为原理,利用与水不相溶的有机试剂同试液一起振荡,使一些组分进入有机相,另一些组分仍然在水相中,从而达到分离目的。近些年发展了几种新型液-液萃取方法。

1.2.4.1 离子液体萃取

离子液体是一种在室温温度范围内完全由离子组成的液体物质,作为绿色溶剂,近年来被广泛应用。离子液体也被称作室温熔盐(熔点通常小于小于 100 ℃),与常见有机溶剂相比,它们的液态温度范围更广(可达 300 ℃)、不易挥发、稳定、不易燃烧,且对有机物、无机物有较好溶解性能,密度大,与许多溶剂不能互溶。由于这些优越的理化性能,离子液体常常被作为有机溶剂的替代物用于液-液萃取。Dietz 等[114]通过加入酸性硝酸盐从二环乙基酮-18-冠(醚)-6(DCH$_{18}$C$_6$)把 Sr(Ⅱ)转移到了 1-烷基-3-甲基咪唑室温离子液体中,过程中 Sr(Ⅱ)与冠醚形成的阳离子与离子液体中的阴离子交换，实现了 Sr(Ⅱ) 转移。Dietz 等[115]在 HNO$_3$ 溶液中，将铀酰基先与三-正磷酸丁酯(TBP)形成络和阳离子 UO$_2$(TBP)$_2^{2+}$，络和阳离子再与离子液体 N,N′-二烃基咪唑 (Cnmim$^+$ Tf$_2$ N$^-_{org}$) 阴离子形成 UO$_2$(TBP)$_2$(Tf$_2$N$^-$)$_{2org}$，达到分离水相中铀的效果。

1.2.4.2 液膜萃取

液膜法以物理化学、有机化学和生物化学理论为基础，吸收了溶剂萃取法优点，具有快速、高效、选择性好、节能的优点。液膜分离体系由外相、内相和膜相三部分组成。通常将含有被分离组分的料液称为外相，接受被分离组分的液体是内相，而处于两者之间的成膜的液体成为膜相。膜溶剂是液膜的主体，一般选用煤油作膜溶剂。表面活性剂是液膜主要成分之一，决定了液膜的稳定性，并且对组分通过液膜的迁移速率有显著影响。流动载体的作用是快速、高效地传输指定的物质。Kozlowski 等[116]通过 Co-60、Sr-90、Cs-137 在三乙酸纤维素膜上的竞争迁移，从 0.1 M NaNO$_3$ 溶液中分离了三种放射性同位素。同时考查了有机磷酸化合 D$_2$EHPA、Cyanex 301、Cyanex 302 对 Co-60、Cs-137 的离子运载能力。结果显示，D2EHPA 作为离子流动载体和增强添加剂时，膜的选择性 Co(Ⅱ)>Cs(Ⅰ)>Sr(Ⅱ)；Cyanex 272 和 Cyanex 302 对三种离子的亲合能力：Cs(Ⅰ)>Sr(Ⅱ)>Co(Ⅱ)；随着离子运载剂 pKa 值增大，Co(Ⅱ)渗透系数线形减小。Ambe 等[117]采用 2-乙基己基膦酸-2-乙基己基脂(2-ethylhexyl phosphonic acid-2-ethylhexyl ester, EHEH-PA)对 REEs 进行膜萃取，详细考查了样品 pH 值和萃取时间的影响，在优化条件下回收率达到 90.00%。

1.2.4.3 浊点萃取

当温度升高或降低时，一些非离子表面活性剂的水溶液会变混浊，产生混浊的温度称为浊点。在浊点以上或以下，溶液就分成两相。体积小的一相就是表面活性剂相，体积大的一相是水相[118]。借此可实现痕量组分的分离/富集，并具有安全、富集倍数高等优点，因而获得广泛应用[119~121]。Ohashi 等[122]通过对比研究加入 2-乙基己基膦酸（HDEHP）前后，Triton X-100 对 Ln(Ⅲ)（如 La(Ⅲ)、Eu(Ⅲ)和 Lu(Ⅲ)）的萃取过程，考查了 pH 值、离子强度对浊点萃取行为的影响，结果表明使用 3.0×10^{-5} mol/dm^3

HDEHP 和 2.0% (v/v) Triton X-100 萃取率在 91.00% 以上，萃取机制为 Ln(Ⅲ)与 HDEHP 生成 Ln(DEHP)$_3$ 配合物转移到表面活性剂相中，实现分离。

1.2.5 生物材料吸附剂及应用

1.2.5.1 引言

生物吸附是指利用活的或死的微生物细胞及其代谢产物，通过物理静电引力、离子交换以及络合反应来吸附的过程。生物对重金属的吸附作用取决于吸附剂本身特性和金属自身对生物体亲合性，包括络合、配位、离子交换、无机微沉淀、氧化还原、静电吸附等物理化学过程[123~126]。Shumate 和 Strandberg[127] 把生物吸附定义为重金属在细胞表面的吸附，即细胞外多聚物、细胞壁上的官能团与金属离子的结合，其特点是快速、可逆，不依赖于能量代射，因此又称为被动吸附。David 和 Bohumil[128] 定义生物吸附是一个利用廉价的非活性生物量络合有毒重金属离子的过程，金属离子被细胞表面物质捕获继而与细胞表面位点结合过程叫生物吸附，此过程并不依赖于生物代谢，因此也叫被动吸附。细胞表面吸附的金属离子与细胞表面的某些酶相结合而转移至细胞内，其特点是速度慢、不可逆，与细胞代谢有关，此过程称为生物富积，也称为主动吸收。凡具有从水成溶液中富集重金属能力的生物体及其胞外分泌物均称为生物吸附剂。

1.2.5.2 生物吸附法的优点

上面介绍的传统的金属污染物分离/富集方法都存在一些不足之处，如金属去除不彻底，对试剂以及能量要求较高，选择性低，易形成需要另外处理的有毒沉积物等，流程长、操作烦琐、处理费用较高，尤其是对痕量重金属废水的处理效果更差。相比之下，生物吸附技术优势主要体现在以下几个方面：

(1)在低浓度(1~100mg/L)条件下，生物吸附剂具有明显的高效性，生物吸附剂可以选择性地吸附其中某种金属离子[129]。

(2)生物吸附剂具有吸附量高、吸附速度快等优点[130]。

(3)pH 值和温度适应范围宽(pH 值范围为 3.0～9.0,温度范围为 4～90 ℃)[131]。

(4)易于分离回收重金属、再生能力强、再生后吸附能力无明显降低[132]。

(5)不会导致二次污染[133]。

因此,利用生物吸附法分离/富集重金属离子,具有广阔的应用前景和良好的环境效益、经济效益及社会效益。

1.2.5.3 影响重金属离子生物吸附的相关因素

1. pH 值的影响

生物吸附剂能通过多种途径将重金属吸附在其表面。胞外高聚物主要由糖类、蛋白质和核酸等物质组成。这些物质中的氮、氧、硫等原子都可以提供孤对电子与金属离子配位,这些生物吸附剂上可与金属离子相配位的官能团,包括-COOH、-NH$_2$、-SH 和-PO$_4{}^{3-}$等。当 pH 值较低时,大量存在的氢离子会使吸附剂表面质子化,吸附剂表面的质子化程度越高,其对重金属离子的斥力也越大。同时溶液 pH 值也影响生物吸附剂表面的重金属吸附位点和重金属离子的化学状态。pH 值较低时,吸附剂的连接基团会被水合氢离子所占据,由于斥力作用而阻碍重金属离子对吸附剂的靠近,pH 值越低阻力越大。

2. 吸附剂用量

吸附剂用量对于吸附体系有显著的影响。对很多吸附体系而言,一般当吸附的重金属离子溶液的浓度和体积一定时,开始重金属离子的去除率将随着吸附剂用量的增加而增加,当达到最大吸附容量时,重金属离子去除率将随着吸附剂用量的增加而维持不变。

3. 重金属离子的初始浓度

金属离子与吸附剂表面官能团发生离子交换或络合/螯合作用时存在着一定的定位关系,即由于主要发生的是化学吸附作用而形成单层吸附,当金属离子在吸附剂表面达到一定覆盖率后吸附量就会增长缓慢。所以随着重金属离子溶液初始浓度的增加,去除率会呈下降趋势变化,吸附容量则随着离子质量浓度的增大而增大,这主要和吸附剂的饱和容量有关。

4. 共存离子的影响

在吸附体系系统中很少只含有一种金属离子，在多种离子共存的情况下就不可避免地产生竞争吸附。由于生物吸附主要是依靠吸附剂表面基团来完成的，如果竞争离子与目标离子都能结合到相同的吸附位点上，竞争离子的存在肯定降低了生物吸附目标离子的效率。由于竞争性阳离子与吸附位点之间的亲合力差异，对目标离子的影响能力也不同。Stephen Inbaraj等[88]研究发现胞外高聚物 c-PGA 吸附 Hg(Ⅱ)发现 Cu^{2+}、Cd^{2+}、Zn^{2+} 对 Hg(Ⅱ)的吸附有影响，且干扰性 $Cu^{2+}>Cd^{2+}>Zn^{2+}$，Ca^{2+}、Na^+、K^+ 对 Hg(Ⅱ)的吸附也有影响，其中 Ca^{2+} 对其影响最大。Sar 等[134]在 *Pseudomonas* 菌种吸附铀和钍的试验中，发现共存离子对吸附影响的大小顺序如下：

$$Fe^{3+} > Th^{4+} > Fe^{2+} > Cu^{2+} > Al^{3+}$$

其中 Fe^{3+} 存在时铀的吸附量降低了 80%。

1.2.5.4 生物吸附剂种类

目前研究较多的生物吸附剂主要来源于细菌菌体、微生物胞外高聚物和藻类。微生物吸附重金属离子的机理是水中重金属离子同生物细胞表面的活性基团进行离子交换和相互结合的过程。这些活性基因主要有羧基、羟基、氨基等。

1. 细菌和真菌

用于生物吸附的细菌主要有芽孢杆菌属、假单胞菌属等。由于菌体细胞壁含有羧酸酯、磷酰基等官能团的特殊结构，具备良好吸附剂的条件。Li 等[133]研究 *Penicillium simplicissimum* 从水溶液中吸附 Pb(Ⅱ)和 Cu(Ⅱ)，并考查了溶液初始 pH 值、溶液初始金属离子浓度、接触时间对吸附率的影响。在 pH 值为 5.0 时，吸附平衡在 60 min 建立。对 Pb(Ⅱ)和 Cu(Ⅱ)的最大吸附容量分别为 152.60mg/g 和 112.30mg/g，且可用 100 mL 盐酸溶液洗脱，洗脱率为 98.00%。Pal 等[135]研究发现重金属抗性菌 *Mortierella* 对 Co(Ⅱ)的最佳吸附条件为 pH 值为 7.0，温度 30 ℃，在 60 min 内最大负载量可达 1036 μm/g。Co(Ⅱ)负载量随着 Co(Ⅱ)初始浓度的增加而增加，但随着吸附剂投加量的增加却减少，*Mortierella* 对 Co(Ⅱ)吸附的干扰离子 Pb(Ⅱ)、Cd(Ⅱ)、Cu(Ⅱ)、Ni(Ⅱ)和 Zn(Ⅱ)。

Gabr 等[136]分别研究 *Pseudomonas aeruginosa* ASU 6a 的活菌体和死菌体

对水中铅和镍的吸附，结果表明，活菌体比死菌体对重金属的吸附性能显著，对铅和镍的吸附容量分别为 123.00mg/g、113.60mg/g 和79.00mg/g、70.00mg/g。Akar 等[137] 研究 *Symphoricarpus albus* 对 Pb(Ⅱ) 的吸附，最佳吸附条件为 pH=5.5 和吸附剂投加量为 4.0 g/L。生物吸附较易进行，在 20 min 达到平衡，吸附过程较好的符合二级动力学模型，速率常数在 6.0×10^{-2} g/(mg·min) 和 1.58×10^{-1} g/(mg·min) 之间。在多种金属离子共存溶液体系中 Pb(Ⅱ) 的去除率可达 88.50%，吸附热力学较好的用 Langmuir 吸附等温模型来描述，在 45 ℃ 最大单分子层吸附容量为 3.00×10^{-4} mol/g，洗脱实验表明 10 mL HNO_3 作为洗脱液，Pb(Ⅱ) 的回收率可达 99.00%。

Özcan 等[138] 研究了 *Phaseolus vulgaris L.* 对 Pb(Ⅱ) 的吸附。结果发现，Pb(Ⅱ) 的生物吸附在 20 min 建立，*Phaseolus vulgaris L.* 对 Pb(Ⅱ) 的吸附行为较好地用 Langmuir 和 Dubinin-Radushkevich 吸附等温模型来描述。在 20 ℃ 最大单分子层吸附容量为 42.77mg/g。自由能、焓、熵热力学参数结果表明 *Phaseolus vulgaris L.* 对 Pb(Ⅱ) 的吸附是一个自发放热的过程。

Bhainsa 等[139] 研究了 *Aspergillus fumigatus* 对钍的吸附。研究表明，钍(Ⅳ) 的最大吸附容量出现在 pH 值为 4.0 时。在 pH 值为 4.0 时，Th(Ⅳ) 的初始浓度为 50～100 mg/L，生物吸附在 2 h 达到平衡。如果 Th(Ⅳ) 的初始浓度为 50 mg/L 时，最大初始速率为 71.94mg/(g·min)，二级速率常数为 7.82×10^{-2} g/(mg·min)，平衡时最大吸附容量为 370 mgTh/g，*Aspergillus fumigatus* 对钍的吸附行为较好地用 Langmuir 吸附等温模型来描述。重碳酸钠作为洗脱剂洗脱率超过 99.00%。

Lu 等[140] 研究了 *Enterobacter* sp. J1 对铅、铜、镉的吸附性能。研究表明，*Enterobacter* sp. J1 对铅、铜、镉的吸附容量分别为 50.00mg/g、32.50mg/g、46.20mg/g。pH 值为 3.0 时被吸附的镉离子能完全解吸，然而 pH 值不大于 2.0 时，Pb(Ⅱ) 和 Cu(Ⅱ) 有超过 90.00% 的回收率。经过 4 次连续吸附/解吸试验，*Enterobacter* sp. J1 对铅、铜、镉的吸附容量分别为 75.00%、79.01% 和 90.25%。

许旭萍等[141] 采用球衣菌(*Sphaerotilus natans*) FQ32 作为生物吸附剂，研究结果表明，球衣菌在 Hg^{2+} 浓度为 16 mg/L、吸附剂用量为 0.4g/L、菌龄为 16 h、pH 值为 7.0、温度为 30 ℃、吸附时间为 90 min 时的优化条件下，对 Hg^{2+} 的吸附量为 72.86mg/g；该吸附过程是一个快速的过程，90 min 达到吸附平衡，此过程符合 Langmuir 等温方程。等温模型、透射电镜观察和红外光谱分析显示，菌体细胞表面的活性基团与 Hg^{2+} 的络合反应是球衣菌吸附 Hg^{2+} 的主要机理。

徐雪芹等[142]把简青霉(Penicillium sp.)固定在载体(丝瓜瓤)上，研究其在溶液中对金属离子 Pb^{2+} 和 Cu^{2+} 吸附效果。实验结果表明，溶液 pH 值对吸附过程有较大影响，最佳吸附 pH 值在 5.5，最佳吸附温度为 25～35 ℃，溶液浓度在 10～500 mg/L 范围内，吸附过程符合 Langmuir 等温吸附模型；生物吸附平衡时间约为 60 min。用 0.1mol/L HCl 解吸，循环吸附-解吸 5 次后，固定化简青霉吸附金属离子的能力几乎不受影响。

刘云国等[143]用黑曲霉和简青霉制备生物吸附剂，研究它们对重金属 Pb^{2+} 离子和 Cd^{2+} 离子的吸附、解吸行为。结果表明，黑曲霉和简青霉吸附 Pb^{2+} 离子的最适 pH 值均为 5.0，吸附 Cd^{2+} 离子时均为 3.0。二者对 Pb^{2+} 离子吸附均在 4 h 达到平衡，吸附量分别为 29.07mg/g 和 36.65mg/g。Cd^{2+} 离子吸附也在约 4 h 达到最大吸附量，分别为 26.00mg/g 和 26.50mg/g。溶液中 Zn^{2+} 离子和 Cd^{2+} 离子的存在都会降低 Pb^{2+} 离子的吸附量。2 种吸附剂对 Pb^{2+} 离子的吸附都符合 Langmuir 等温线模型，而对 Cd^{2+} 离子的吸附都较为符合 Freundlich 等温线模型。1 mol/L HNO_3 对吸附有 Pb^{2+} 和 Cd^{2+} 离子的黑曲霉和简青霉进行解吸，解吸率分别可达 77.40% 和 92.30%。

秦玉春等[144]以浮游球衣菌(Sphaeotilus natans)为生物吸附剂，对废水中 Cu^{2+} 的吸附规律进行研究，采用红外光谱分析法、扫描电子显微镜-X 射线能量散射光谱和离子交换实验探讨了 Cu^{2+} 与浮游球衣菌可能的作用机理。结果表明，pH 值是影响菌体吸附 Cu^{2+} 的主要因素，吸附 Cu^{2+} 的最佳 pH 值为 5.5；同时还存在着 Cu^{2+} 与带负电荷细菌表面的静电吸引作用，$-CONH_2$ 和 $-OH$ 是菌体吸附 Cu^{2+} 的主要的活性基团，当溶液 pH 值较高时，Cu^{2+} 能形成氢氧化物微沉淀沉积在细胞表面。

陈灿等[145]研究了工业废弃酿酒酵母无缓冲溶液体系吸附 Zn^{2+}、Pb^{2+}、Ag^+、Cu^{2+} 的动力学特性。结果表明，酵母吸附 Zn^{2+}、Pb^{2+}、Ag^+ 的动力学过程可以用准二级动力学方程进行描述。金属离子初始浓度在 0.08～3.0 mmol/L 范围内，Langmuir 方程较好地描述 Zn、Pb、Ag 的等温吸附行为，Zn、Pb、Ag 的理论饱和吸附量分别为 34.11mg/g、119.50mg/g 和 35.50mg/g。Freundlich 方程对整个浓度范围内的平衡数据拟合效果较差，但是它可以较好地描述低浓度 Zn^{2+}（初始浓度 $0.08 \sim 0.5mmol/L$）、低浓度 Pb^{2+}（$0.08 \sim 1.0$ mmol/L）和高浓度 Ag^+（$1.5 \sim 3.0$ mmol/L）的等温吸附行为。酵母吸附 Zn^{2+}、Pb^{2+}、Ag^+、Cu^{2+} 过程中，溶液 pH 值有不同程度的增加，增加幅度大小顺序是 $Zn > Pb > Ag > Cu$，这间接反映出 Zn^{2+}、Pb^{2+}、Ag^+、Cu^{2+} 与水溶液中 H^+ 的竞争力逐步减弱。

郜瑞莹等[146]用酿酒酵母吸附金属离子 Zn^{2+} 和 Cd^{2+}。结果表明，当 Zn^{2+} 和 Cd^{2+} 初始浓度为 1 mmol/L 时，Zn^{2+} 和 Cd^{2+} 在酿酒酵母上的吸附过程进行得很快，在 3 h 内即可达到吸附平衡。酿酒酵母吸附 Zn^{2+} 和 Cd^{2+} 的动力学参数 k_2 分别为 48.00 mg/（mg·min）和 19.00 mg/（mg·min），平衡吸附量 q_e 分别为 6.97mg/g 和 12.77mg/g。用准二级动力学方程式描述 Zn^{2+} 和 Cd^{2+} 在酿酒酵母上的吸附动力学行为（$R^2 > 0.99$）。

2. 藻类

海藻菌体是可用于制备生物吸附材料的天然的、丰富的原料。海藻菌体对重金属的吸附性能取决于不同科和不同属海藻有不同的细胞壁成分，不同的细胞壁成分使细胞壁产生不同的金属吸附位点。

Torres E[147]用褐藻制成珠状藻酸钙来吸附 Au（Ⅲ）和 Ag（Ⅰ），pH 值为 2.0 时对 Au（Ⅲ）的饱和吸附容量为 290.00mg/g，pH 值为 4.0 时对 Ag（Ⅰ）饱和吸附容量为 38.00mg/g。Gupta 等[148]运用海藻 Oedogonium sp. 为生物吸附剂，对废水中 Cd^{2+} 的吸附规律进行了研究，在优化的吸附条件下：pH 值均为 5.5，温度为 25 ℃，初始 Cd^{2+} 的浓度为 200.00 mg/L，吸附在 55 min 达到平衡，吸附量为 88.90mg/g。海藻 Oedogonium sp. 对 Pb^{2+} 离子的吸附热力学符合 Langmuir 等温线模型，吸附动力学遵循二级动力学模型。红外光谱分析表明，氨基、羧基、羟基和羰基是生物吸附剂吸附 Pb^{2+} 的主要活性基团，循环吸附-解吸 5 次后，Pb^{2+} 的吸附容量降低 18.00%，吸附剂有 15.00% ～ 20.00% 的损失。

Tuzen 等[149]采用绿藻 Ulothrix cylindricum 作为生物吸附剂吸附有毒重金属砷，研究绿藻对 As（Ⅲ）和 As（Ⅴ）的吸附、解吸行为。结果表明，绿藻吸附 As（Ⅲ）和 As（Ⅴ）离子的最适 pH 值均为 6.0，最大吸附量均为 67.20mg/g。1 mol/L 盐酸对吸附有 As（Ⅲ）和 As（Ⅴ）离子的绿藻进行解吸。循环吸附-解吸 10 次后，As（Ⅲ）的回收率降低 16.00%。通过 D-R 模型计算绿藻对 As（Ⅲ）和 As（Ⅴ）的吸附自由能，结果表明绿藻对 As（Ⅲ）的吸附机制主要是离子交换。Sarı 等[150]用绿藻(*Ulvalactuca*)吸附水溶液中 Pb^{2+}、Cd^{2+}，研究结果表明，吸附动力学较好地符合二级动力学速率模型，Langmuir 方程可以较好地描述 Pb^{2+}、Cd^{2+} 离子的等温吸附行为，最大单分子层吸附容量分别为 34.70mg/g 和 29.20mg/g。通过 D-R 模型计算绿藻(*Ulva lactuca*)对 Pb^{2+}、Cd^{2+} 的吸附自由能分别为 10.40 kJ/mol 和 9.61 kJ/mol，结果表明，两种离子的吸附主要为化学吸附。自由能、焓、熵热力学参数结果表明绿藻(*Ulvalactuca*)对 Pb^{2+}、Cd^{2+} 的吸附是一个自发放热的过程。

Tüzün 等[151]采用微藻 *Chlamydomonas reinhardtii* 作为生物吸附剂，对 Hg(Ⅱ)、Cd(Ⅱ)和 Pb(Ⅱ)离子进行研究。研究表明，对 *Chlamydomonas reinhardtii* Hg(Ⅱ)、Cd(Ⅱ)和 Pb(Ⅱ)离子的吸附均在 60 min 达到平衡，*Chlamydomonas reinhardtii* 吸附 Hg(Ⅱ)和 Cd(Ⅱ)离子的最佳 pH 值均为 6.0，吸附 Pb(Ⅱ)离子最佳 pH 值为 5.0，最大吸附量分别为 72.20mg/g、42.60mg/g 和 96.30mg/g。Freundlic 等温模型较好地描述三种金属离子的等温吸附行为，*Chlamydomonas reinhardtii* 对这三种金属离子的亲和力顺序依次为：Pb(Ⅱ)>Hg(Ⅱ)>Cd(Ⅱ)。红外光谱分析表明，氨基、羧基、羟基和羰基是金属离子吸附的主要活性基团。在 5 ~ 35 ℃ 温度范围微藻 *Chlamydomonas reinhardtii* 对三种金属离子的吸附不受影响。0.1 mol/L 盐酸对吸附有金属离子的微藻 *Chlamydomonas reinhardtii* 进行解吸再生，回收率可达 98.00%。

Nayak D[152]培养出绿藻，用来吸附 ^{198}Au，吸附受 pH 值影响较微弱，最佳吸附量的条件是 pH 值为 8.0，吸附 96 h，77.00% 的吸附源于绿藻细胞内壁的纤维素，18.00% 的吸附源于蛋白质，而脂类物质不吸附。

3. 胞外生物高聚物

胞外生物高聚物是微生物细胞分泌的粘性物质，蛋白质、多聚糖、核酸和脂类等主要成分的组成使其可以通过带负电的配位基同金属离子相互作用而吸附重金属[153~156]。近年来已有关于用胞外生物高聚物作为生物吸附剂吸附重金属的报道，研究表明[157~161]，胞外高聚物对一些金属离子有很强的吸附能力，是痕量金属离子理想的分离/富集材料。

近几年国内科研工作者在这方面做了很多努力，取得了一些成果。田禹等[162]以胞外聚合物作为新型吸附剂，研究其在水中吸附 Cd^{2+} 与 Zn^{2+} 的性能，结果表明：pH 值为 6.0 时，EPS 的最佳投加量分别为 375.00 mg/L

和 250.00 mg/L。EPS 对 Cd^{2+} 和 Zn^{2+} 的吸附过程均可分为两个阶段,分别在 90 min 和 60 min 时达到吸附平衡。离子共存实验发现,EPS 对 Cd^{2+} 的选择吸附性强于 Zn^{2+};热力学分析显示,EPS 对 Zn^{2+} 的吸附稳定性、吸附能力和亲和力均比对 Cd^{2+} 的吸附强。周维芝等[71]研究了 *Pseudoalteromonas sp.* SM9913 胞外多糖对 Pb^{2+} 和 Cu^{2+} 的吸附性能。此胞外多糖是一个高度乙酰化的葡萄糖聚糖。由 Dubinin-Radushkevich 方程得到 SM9913 胞外多糖对 Pb^{2+} 和 Cu^{2+} 的最大吸附量分别为 243.30mg/g(10 ℃)和 36.70mg/g(40 ℃)。李强等[163]研究了 *A grobacterium . sp* 产生的具有吸附作用的蛋白聚糖类物质 ZL5-2 对 Cr(Ⅵ)的吸附行为。研究发现,ZL5-2 对 Cr(Ⅵ)的吸附 60 min 达到平衡,80 min 后所有的 Cr(Ⅵ)都被吸附。被吸附的 Cr(Ⅵ)可以被解吸附,解吸率为 13.60 %~ 67.90 %。

国外研究者在这方面的工作也取得了显著成果。Ozdemir 等[164]研究了 *Chryseomonas luteola* TEM05 产生的胞外高聚物对 Co^{2+}、Cd^{2+} 的吸附。在 pH 值为 6.0、温度为 25 ℃时,Langmuir 等温方程对整个浓度范围内的平衡数据拟合效果较好,胞外高聚物对 Co^{2+}、Cd^{2+} 的最大单分子层吸附容量分别为 51.81mg/g 和 64.10mg/g。Salehizadeh 等[165]研究 *Bacillus firmus* 产生的胞外多聚糖对 Pb、Cu 和 Zn 的吸附性能。在最佳吸附条件下,对溶液中 Pb、Cu 和 Zn 的吸附率分别为 98.30%、74.90% 和 61.80%。吸附平衡在 10 min 内实现。胞外多聚糖对 Pb、Cu 和 Zn 的吸附行为符合 Langmuir 和 Freundlich 吸附等温模型。熊芬等用烟曲霉胞外聚合物 EPS 吸附重金属离子 Pb^{2+},研究发现 EPS 吸附 Pb^{2+} 的平衡时间约为 3 h,吸附平衡时 Pb^{2+} 去除率为 73.48%,最大吸附量为 32.22mg/g。Comte 等[166]从活性污泥中提取胞外生物高聚物 EPS 作为生物吸附剂,研究了 EPS 作为生物吸附剂对 Cd、Cu 和 Pb 的吸附性能。试验研究发现,在不同初始 pH 值条件下,高聚物 EPS 对三种金属离子的吸附容量不一样。在 pH 值为 6.0 时,三种金属离子的负载量 Pb>Cu>Cd,然而在 pH 值为 7.0 时,三种金属离子的负载量的大小顺序为 Cu>Pb≥Cd。Ozdemir 等[167]研究了 *Ochrobactrum anthropi* 所产生的胞外生物高聚物对 Cr、Cd、Cu 的吸附性能,考查了初始 pH 值、金属离子初始浓度、接触时间对吸附的影响。胞外生物高聚物吸附 Cr(Ⅵ)、Cd(Ⅱ)、Cu(Ⅱ)最佳 pH 值分别是 2.0、8.0 和 3.0。Langmuir 和 Freundlich 吸附等温模型均能很好地描述该高聚物对这三种金属离子的吸附行为。Salehizadeh 等[168]研究了 *Bacillus firmus* 产生的胞外高聚物对 Pb、Cu 和 Zn 的吸附。在 10 min 内即可建立胞外高聚物对三种金属离子的吸附平衡，胞外高聚物对 Pb、Cu 和 Zn 的吸附率分别为 98.30%、74.90% 和 61.80%，Pb、Cu 和 Zn 在胞外生物高聚物上的吸附过程遵循 Langmuir 和 Freundlich 等温模型。Noghabi 等[169]研究了 *Pseudomonasfluorescens C - 2s BM07* 产生的胞外生物高聚物对水溶液中金属离子的吸附性能。研究发现，在多种金属离子共存的溶液体系中，胞外生物高聚物显示出明显的吸附选择性（Hg > Cd > Ni > Zn > Cu > Co），对 Cd 和 Ag 的吸附率分别为 45.00% 和 70.00%。

1.3 固相萃取及其在环境中的应用

1.3.1 引言

固相萃取(Solid Phase Extraction, SPE)是一种试样预处理技术，由液固萃取和柱液相色谱技术相结合发展而来。SPE 自出现以来，一直以 10% 的年增长率扩大其应用范围。在很多情况下，SPE 作为制备液体试样优先考虑的方法取代了传统的液液萃取法(Liquid-Liquid Extraction, LLE)。与 LLE 相比较，SPE 具有如下优点：分析物的高回收率，不需要使用超纯试剂，有机溶剂的低消耗减少对环境的污染，能处理小体积试样，无相分离操作，容易收集分析物级分，操作简单、省时、易于自动化，真正实现了样本分析的高效率[170]。

1.3.2 固相萃取的作用机理

固相萃取法的作用机理主要有四种：非极性、极性、离子交换及共价作用。影响萃取回收效率的因素有流速、柱温、溶剂等[171]，其中最关键的影响因素是使用的吸附剂，使用吸附剂原则就是应使吸附剂对样品有着更高的选择性。在吸附过程中，溶质中的疏水部分较好地吸附在吸附剂表面，而亲水部分则留在水中，在溶质与溶剂混合物内，交替建立亲脂性/

亲水性平衡而影响溶质的吸附。溶剂的洗脱能力可用分配系数表示：

$$K_D = \frac{V \cdot W_X}{W \cdot W_S} \qquad (1.1)$$

式中：

    V——溶液的体积；

    W——吸附剂的体积；

    W_X——吸附剂上溶质的质量；

    W_S——溶液中溶质的质量。

式中，分子表示被吸附物在树脂上的浓度，分母表示在溶液中的浓度。

K_D值大表明溶质倾向于保留在树脂上，反之溶质倾向于保留在溶液中[172]。

1.3.3 固相萃取剂的选择

选择吸附剂是获得高萃取回收率的关键，在色谱中这种选择性是通过不同的亲和性来判断的。在固相萃取法中，选择吸附剂要考虑以下几个方面：

（1）分离物在非极性和极性溶剂中的可溶性。

（2）被分离物在处理过程中变成带电荷粒子的潜在能力，可参与粒子交换。

（3）在样品中难以预料的化合物和被分离物对吸附剂的键合竞争程度如何[173]。

1.3.4 固相萃取的过程

固相萃取的一般过程如下：

（1）活化吸附剂。活化吸附剂的溶剂一般用甲醇，活化后可以使吸附剂润湿，不用时可浸泡在甲醇溶液中。

（2）除去活化溶剂。吸附剂活化后使碳链可以与试样接触，但活化剂过量，不能使试样很好地吸附在吸附剂上，会导致样品损失过大。所以需要除去过量活化溶剂。一般方法加入适量的纯水，使吸附剂保留一定量的甲醇。文献报道，萃取前样品中加适量的甲醇有助于萃取回收率的提高。除去活化溶剂的纯水量不宜太大，否则会导致吸附剂湿润降低，使待测物吸附率降低。

（3）加样。一般固相萃取柱的吸附剂填料颗粒较小，传质阻力大，试样加入流速较慢。一般要采用抽滤或者压滤的方式。为了防止分析物的流失，试样溶剂强度不宜过高。当以反相机理萃取时，以水作为溶剂，其中有机溶剂量不超过 10%（v/v）。为克服加样过程中分析物流失，可采取用弱溶剂稀释试样、增加 SPE 柱中的填料量和选择对分析物有较强保留的吸附剂等手段。

加到萃取柱上的试样量取决于萃取柱的尺寸（填料量）和类型、在试样溶剂中试样组分保留性质和试样中分析物及基质组分浓度等因素。SPE 柱选定后，测定分析物穿透之前可以向 SPE 柱加入试样最大体积，即穿透体积。因此，测定穿透体积是属于前沿色谱法。若分析物和试样基质组分都竞争吸附部位，则对不同基质的试样将观察到分析物不同穿透行为。在进行穿透实验时，选择分析物的浓度为实际试样中预期的最大浓度。最后选定的试样体积一般要小于上述测定值，以防止在清洗杂质时损失分析物。

（4）除去干扰杂质。用中等强度的溶剂将干扰组分洗脱下来，同时要保持分析物仍留在柱上。对反相萃取柱，清洗溶剂是含适当浓度有机溶剂的水或缓冲溶液。通过调节清洗溶剂强度和体积，尽可能多地除去能被洗脱的杂质。为了决定最佳清洗溶剂浓度和体积，加试样于 SPE 柱上，用 5～8 倍 SPE 柱床体积的溶剂清洗，依次收集和分析流出液，得到清洗溶剂对分析物洗脱廓形。

（5）洗脱。这一步骤的目的是将分析物完全洗脱并收集在最小体积的级分中，同时使比分析物更强保留的杂质尽可能多地仍留在 SPE 柱上。洗脱剂的强度是至关重要的。较强的溶剂能够使分析物洗脱并收集在一个小体积的级分中，但有较多的强保留杂质同时被洗脱下来。当用较弱溶剂洗脱，分析物级分的体积较大，但含较少的杂质。为了提高分析物的浓度或为以后分析调整溶剂性质，把收集到的分析物级分用氮气吹干，再溶于小体积适当的溶剂中。为了选择合适洗脱剂强度和体积，加试样于 SPE 柱上，改变洗脱剂强度和洗脱液的体积，测定分析物的回收率[174]。

1.3.5 固相萃取在环境中的应用

1.3.5.1 在农药分析中的应用

使用 SPE-GC 联用技术分析食品中农药残留量大概从 20 世纪 80 年代开始发展起来。使用该技术可以检测出有机氯农药(如五氯硝基苯)、氨基甲酸酯类农药、拟除虫菊酯类农药(如腈二氯苯醚菊酯、腈甲菊酯、腈氯苯醚菊酯等) 等的残留量。同样也可以用固相萃取-毛细管气相色谱(SPE-CGC)分析中草药中的农药残留。阎正等[175]就 Florisil 固相萃取小柱分离测定了 9 种中草药中的 12 种有机氯类农药残留量,分别为六六六的 4 种异构体、滴滴涕的 4 种异构体、七氯、环氧七氯、狄氏剂、异狄氏剂。

1.3.5.2 在毒物分析中的应用

对于在乳制品中的药物,经常因为检材中含有乳制品,液液提取形成严重的乳化,有研究用固相萃取法取得了较好的效果。公安部第二研究所就用 GDX403 固相萃取柱提取净化(磷酸缓冲液调节不同 pH 值下氯仿淋洗),GC/NPD 法检测分析了样品中的三唑仑,为利用该药物犯罪的案例的破获提供有效的方法。使用国产 GDX-403 或 C_{18} 固相小柱同时提取净化生物体液或组织样品中的 6 种常见有机磷类农药,对法医毒物分析、法医临床急救均有实际意义。

1.3.5.3 在中药分析中的应用

郑春英等[176]用 Sep-pak 固相萃取柱分离连翘超声提取液,并用水及 25%甲醇洗去杂质,50%甲醇洗脱下连翘苷,最后用 HPLC 分析控制连翘的质量。白果种子中主要有毒成分 4-氧甲基吡哆醇(MPN)可用 C_{18} 固相萃取柱提取分离后用二极管阵列检测器高效液相检测,以 10 %乙腈-磷酸缓冲液(pH 值为 3)作为流动相。黄永焯等[177]使用 Ac_2cuBOND Ⅱ ODS 固相萃取柱对三七药材粉末提取液进行预处理,并且对该柱的分离性能作了检测。陈蕾等[178]用酸性氧化铝固相萃取柱纯化菊延保康颗粒剂样品液以测定隐丹参酮、丹参酮Ⅰ和丹参酮Ⅱ$_A$。固相萃取也用于生物碱分离。林佶等使用WATERS公司 HLB 型固相萃取小柱分析药酒中的番木鳖生物碱，并用 GC/MS 测定，结果令人满意。

1.3.5.4 在体内药物分析中的应用

在服用药物的同时进行血药浓度的检测对合理用药提高疗效具有重要意义。张阿慧等用自制硅胶固相萃取柱分离提纯血清中的抗心律失常药奎尼丁(5%三乙胺的甲醇液洗脱)，并用薄层-荧光测定，效果良好。邱丰和等[179]利用 X-5 大孔高分子树脂固相萃取预处理人血浆，结合毛细管气相色谱和 GC-MS，研究血浆中 12 种局部麻醉药(主要是巴比妥类)定性定量分析方法。

1.3.5.5 在环境激素类分析中的应用

牛增元等[180]采用索氏提取法以正己烷为提取溶剂提取了纺织品中邻苯二甲酸酯类物质(PAEs)，以强阴离子交换固相萃取(SPE)小柱净化本底杂质并富集待测物，建立了纺织品中 10 余种 PAEs 环境激素同时测定方法。SPE 能够有效地对提取液进行富集浓缩，同时对纺织物提取液中杂质净化效果突出。杨佰娟等[181]以烷基酚(Aps)主要降解产物辛基酚(4-t-OP)、壬基酚(4-n-NP)为研究对象，建立了固相萃取(SPE)柱上衍生化、气相色谱-质谱(GC-MS)法测定水中 APs 的分析方法。以 C_{18} 柱为固相萃取柱、N，O-(三甲基硅)三氟乙酰胺(BSTFA)为硅烷化试剂，对衍生化影响因素、衍生化溶剂、衍生化时间以及 SPE 主要影响因素（pH 值、盐度和洗脱剂）进行优化。

1.3.6 展望

鉴于 SPE 技术的突出优点，该技术应用日益广泛。据估计，今后 SPE 仍有每年 10%增长率，并且将会在以下几个方面取得快速发展：

（1）改进填料的合成方法，提高柱效和重现性。

（2）为了满足分析各种试样的不同要求，有针对性地开发具有特殊选择性的柱材料。

（3）以新材料和填料制 SPE 装置，减少空白中杂质，扩大 SPE 在痕量分析中的应用。

(4)进一步改进和发展 SPE 自动化装置,提高工作效率。

1.4 研究背景、目的、意义与内容

1.4.1 选题背景

金属污染物(如重金属离子)是一类环境持久性污染物,它们大部分是致癌、致畸、致突变的剧毒物质,空气、土壤和水中的有毒金属污染物对环境的严重威胁正逐渐成为全球性的问题,因此与环境相关的有毒金属污染物的有效去除与分离技术就成为一项富于挑战性的工作。

环境样品中金属污染物常以微量或痕量的形式存在,对其不易直接测定,常常需要对样品进行预富集/分离。而固相萃取技术因其操作简单、富集效率高而被广泛应用。所以吸附剂性能好坏是决定固相萃取分离/预处理技术是否有效的关键。目前,经常使用的吸附剂主要有碳质吸附剂、多孔聚合物、免疫吸附剂、分子印迹聚合物、生物材料吸附剂等。开发新型的吸附剂、拓展其应用范围、提高吸附剂的选择性,是非常活跃的研究领域。长期以来,传统吸附剂如活性炭等由于使用成本高、再生性能差、易形成需要另外处理的有毒沉积物、尤其对微量/痕量重金属废水的处理效果差等缺陷已成为限制其在工农业生产中大规模推广应用的瓶颈。因此在低浓度(1 ~ 100 mg/L)条件下,开发可以高效选择性地吸附目标金属离子、pH 值和温度适应范围宽、再生能力较强、不会产生二次污染的生物吸附材料仍然具有重要的意义。

胞外生物高聚物是生物细胞的代谢产物,主要成分有多糖、蛋白质、核酸和脂类等。这些成分含有大量的氨基、羧基、羟基、胍基、亚胺基等活性基团,这些基团中的 N、O、P、S 等均可以提供孤对电子与金属离子形成络合物或螯合物,对不同类型的金属离子表现出强烈的亲和性,使溶液中金属离子被吸附。另外,胞外生物高聚物中含有大量的结构多糖,这些多糖常常表现出和离子交换树脂类似的特性,能与溶液中的金属离子发

生离子交换作用。另外，由于此材料在环境中易于降解且对人体无害等优点而备受瞩目，近年来已有关于用胞外生物高聚物作为生物吸附剂吸附重金属的报道。研究表明，胞外高聚物对一些金属离子有很强的吸附能力，是痕量金属离子理想的分离/富集材料。

具有高吸附性能的胞外生物高聚物产生菌的筛选、廉价替代培养基的选择、基因工程菌的构建等问题急需解决；胞外生物高聚物成分分析、吸附机理方面仍存在很多科学问题急需解决；胞外生物高聚物对金属污染物的吸附动力学、热力学行为，还需要通过一些丰富的表征手段对这些内容进行更深层次的研究和归纳，分析应用的研究还有大量的工作要做。

1.4.2 研究的重要意义

本书的研究具有如下重要意义：

(1)探讨具有高吸附性能的胞外生物高聚物产生菌的筛选、廉价替代培养基的选择。

(2)分析高吸附性能的胞外生物高聚物的制备、表征。

(3)探讨胞外生物高聚物生物吸附材料对环境中金属污染物的分离/富集机理，创立应用于实际环境样品中痕量、超痕量金属污染物分离/富集与分析仪器联用的金属检测方法。

(4)考查胞外生物高聚物生物吸附材料吸附金属污染物的热力学和动力学行为，为环境科学领域的研究提供科学可靠的依据。

1.4.3 主要研究内容

本书旨在利用胞外生物高聚物生物吸附材料分离/富集环境样品中金属污染物，并与现代仪器分析方法(如等离子体原子发射光谱法、原子吸收光谱法)联用，建立环境中痕量、超痕量金属离子分离/富集、形态分析的新方法，同时结合多种表征手段如 FT-IR、SEM、EDX 等研究胞外生物高聚物的形貌和结构，描述其吸附机理，研究其吸附动力学、吸附热力学。本书主要研究内容包括以下方面。

（1）高絮凝活性胞外生物高聚物产生菌的筛选、分离和鉴定。

通过初筛和复筛从土壤、污水厂污水和玉带河水中分离出产生高吸附性能胞外生物高聚物的产生菌，通过观察细菌的菌落形态和菌体形态、生理生化指标的测定以及 16SrDNA 的测序，对菌株进行了鉴定。

（2）胞外生物高聚物 PFC02 和 BC11 的制备、表征和成分分析。

1）通过单因素试验和正交试验对菌株的培养条件进行优化，寻找开发廉价的培养基代用品作为高吸附能胞外生物高聚物产生菌的碳源和氮源，进一步降低生物吸附剂的生产成本。

2）对所制备的胞外生物高聚物进行表征、成分分析。

（3）胞外生物高聚物 PFC02 对环境中 Cd（Ⅱ）/Ni（Ⅱ）的吸附行为研究

1）用胞外生物高聚物 PFC02 作为生物吸附材料对溶液中的 Cd（Ⅱ）进行吸附试验。采用 FT-IR、SEM-EDX 等表征手段对吸附镉前后的胞外生物高聚物的表面形貌和结构进行表征，提出生物高聚物对 Cd（Ⅱ）离子可能的吸附机理；以 FAAS 为检测手段，考查吸附酸度、吸附剂用量、吸附时间等对高聚物吸附性能的影响以及吸附过程中的动力学和热力学行为，研究吸附剂的解吸和再生性能。在优化的实验条件下用于实际样品的测定。

2）研究胞外生物高聚物 PFC02 吸附 Ni（Ⅱ）的平衡、动力学特征。运用 ICP-AES 法探讨了酸度、吸附剂用量、静置时间对吸附行为的影响，并考查 PFC02 的饱和吸附容量。采用 Langmuir 和 Freundlich 等温线对静态吸附平衡数据进行了拟合，同时采用准一级动力学、准二级动力学模型和内扩散模型对静态吸附动力学数据进行了拟合。运用 SEM-EDX 和 FTIR 等表征手段对胞外生物高聚物 PFC02 吸附 Ni（Ⅱ）的吸附机理进行研究。

（4）胞外生物高聚物 BC11 固相萃取分离/富集 Pb（Ⅱ）/Cu（Ⅱ）的研究。

1）利用 BC11 分离/富集水溶液中的 Pb（Ⅱ）。采用 IR 和 SEM 对吸附 Pb（Ⅱ）前后的胞外生物高聚物进行了表征，探讨了可能的吸附机理。运用 FAAS 法探讨了酸度、吸附剂用量、接触时间和 Pb（Ⅱ）离子初始浓度对吸附行为的影响。在优化的实验条件下用于实际样品的测定。

2）利用火焰原子吸收光谱法研究胞外生物高聚物 BC11 对 Cu（Ⅱ）的吸附行为。借助于 SEM、FTIR 对吸附铜前后的胞外生物高聚物 BC11 的结构进行了表征，并探讨了可能的吸附机理，考查了影响吸附和解吸的主要因素及吸附过程的热力学和动力学性能。在优化的实验条件下，将本法用于环境水样中 Cu（Ⅱ）的测定。

第 2 章

高絮凝活性胞外生物高聚物产生菌的分离及鉴定

2.1 引言

制备胞外生物高聚物的关键工作是要筛选出具有絮凝性能的微生物，即絮凝性胞外高聚物产生菌。产生生物高聚物的微生物大多来自土壤、污水及活性污泥中。本章从土壤和污水中筛选出两株高絮凝活性胞外高聚物产生菌，对筛选得到的两菌株进行菌种鉴定，包括形态观察、染色观察、扫描电镜微观观察和16SrDNA 序列相似性分析。

2.2 实验材料及仪器

2.2.1 菌种来源

土壤：江苏大学二号教学楼后小山。
污水处理厂：镇江市大港污水处理厂进水口。
排水口污水：江苏大学玉带河生活废水排水口。

2.2.2 实验药品

实验药品具体情况见表2.1。

表 2.1　实验药品

名称	化学式	分子量	等级	生产厂家
高岭土	$Al_2O_3 \cdot SiO_2 \cdot 2H_2O$		化学纯	国药集团化学试剂有限公司
牛肉浸膏粉	—	—	生物试剂	江苏省宜兴市万石培养基厂
蛋白胨	—	—	生物试剂	江苏省宜兴市万石培养基厂
硫酸铵	$(NH_4)_2SO_4$	132.14	分析纯	中国医药(集团)上海化学试剂公司
磷酸二氢钾	KH_2PO_4	136.09	分析纯	江苏三木集团化工厂

续表

名称	化学式	分子量	等级	生产厂家
蔗糖	$C_{12}H_{22}O_{11}$	342.29	分析纯	中国医药(集团)上海化学试剂公司
脲(尿素)	NH_2CONH_2	60.06	分析纯	无锡亚盛化工有限公司
琼脂粉	$(C_{12}H_{28}O_9)n$	—	生化试剂	国药集团化学试剂有限公司
葡萄糖	$C_6H_{12}O_6 \cdot H_2O$	198.07	分析纯	中国医药(集团)上海化学试剂公司
硝酸钠	$NaNO_3$	84.90	分析纯	淮安县化学试剂有限公司
磷酸氢二钾	$K_2HPO_4 \cdot 3H_2O$	228.22	分析纯	国药集团化学试剂有限公司
可溶性淀粉	—	—	分析纯	宜兴市展望化工试剂厂
氯化钠	$NaCl$	58.45	分析纯	上海化学试剂有限公司
氯化钾	KCl	74.52	分析纯	上海化学试剂有限公司
硫酸亚铁	$FeSO_4 \cdot 7H_2O$	278.02	分析纯	中国医药(集团)上海化学试剂公司
硝酸钾	KNO_3	101.10	分析纯	无锡亚盛化工有限公司
无水硫酸镁	$MgSO_4$	120.36	分析纯	上海试四赫维化工有限公司
酵母膏浸出汁	—	—	生化试剂	国药集团化学试剂有限公司

2.2.3 仪器与设备

实验中主要的仪器及设备如下:

(1)隔水式电热恒温培养箱 PXY-DHS(上海跃进医疗器械厂)。

(2)台式恒温振荡器 THZ-C(太仓华美生化仪器厂)。

(3)HC-12 型催化法快速 COD 测定仪(青岛海颐天仪器有限公司)。

(4)722 可见分光光度计 VIS-7220(上海欣茂仪器有限公司)。

(5)恒温磁力搅拌机(江苏金坛医疗仪器厂)。

(6)pH 计(HANNA)。

(7)高速离心机 80-2(上海欣茂仪器有限公司)。

(8)数显恒温水浴锅(江苏金坛医疗仪器厂)。

(9)双人单面净化工作台 SW-CJ-2FD(苏州净化设备有限公司)。

（10）S-4800 场发射扫描电子显微镜（Hitachi High，Japan）。

（11）Leica DFC300FX 荧光显微镜等。

2.2.4 培养基种类

（1）牛肉膏蛋白胨固体培养基（培养细菌）：牛肉膏 5 g、氯化钠 5 g、蛋白胨 10 g、琼脂 15～20 g、水 1 L、pH 值 7.2～8.0。

（2）查氏固体培养基（培养霉菌）：蔗糖 30 g、$NaNO_3$ 3 g、$FeSO_4$ 0.01 g、K_2HPO_4 1g、KCl 0.5 g、$MgSO_4$ 0.5 g、琼脂 15～20 g、水 1 L。

（3）通用发酵固体培养基（发酵培养细菌）：葡萄糖 20 g、$(NH_4)_2SO_4$ 0.2 g、K_2HPO_4 5g、NH_2CONH_2 0.2 g、KH_2PO_4 2 g、NaCl 0.1 g、酵母膏 0.5 g、琼脂 15～20 g、水 1 L。

（4）高氏一号固体培养基（培养放线菌）：可溶性淀粉 20 g、KNO_3 3g、$MgSO_4$ 0.5 g、$FeSO_4$ 0.01 g、K_2HPO_4 0.5 g、NaCl 0.5 g、琼脂 15～20 g、水 1 L。

2.3 实验方法

2.3.1 菌种的培养和纯化

图 2.1 给出了高絮凝活性胞外生物高聚物产生菌筛选、分离试验流程图。

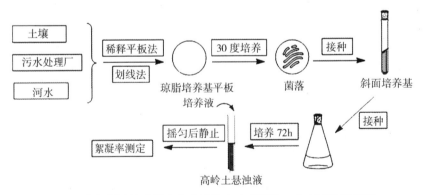

图 2.1 高絮凝活性胞外生物高聚物产生菌筛选、分离试验流程图

2.3.1.1 稀释液的制备(无菌操作) [182~183]

将 1 瓶 90 mL 和 5 管 9 mL 的无菌水排列好, 按 10^{-2}、10^{-3}、10^{-4}、10^{-5}、10^{-6} 依次编号。在无菌条件下, 将土样(10 g)或污水样(10 mL)置于第一瓶 90 mL 无菌水中, 然后用手摇 10 min, 将颗粒状样品打散, 即为 10^{-1} 浓度的菌液。用 1 mL 无菌移液管吸取 1 mL 10^{-1} 浓度的菌液于一管 9 mL 的无菌水中, 用同样方法依次稀释到 10^{-6}。

2.3.1.2 倒平板

将牛肉膏蛋白胨固体培养基、高氏一号固体培养基、查氏固体培养基融化待冷至55~60 ℃时, 分别倒平板。操作方法是右手持盛培养基的试管或锥形瓶, 置火焰旁边, 左手拿平皿并松动试管塞或瓶塞, 用手掌边缘和小指、无名指夹住拔出, 如果试管内或锥形瓶内的培养基一次可用完, 则管塞或瓶塞不必夹在手中。试管口在火焰上灭菌, 然后左手将培养皿盖在火焰附近打开一缝, 迅速倒入培养基约 15 mL, 加盖后轻轻摇动培养皿, 使培养基均匀分布, 然后平置于桌面上, 待凝后即成平板。也可将平皿放在火焰附近的桌面上, 用左手食指和中指夹住管塞并打开培养皿, 再注入培养基, 摇匀后制成平板。

2.3.1.3 平板划线分离法

划线分离使用接种环, 在近火焰处, 用接种环从待纯化的菌落或待分离斜面菌种中沾取少量菌样, 先在培养基平板的一边作第一次平行划线 3~4条, 再转动培养皿约70°, 并且将接种环上的剩余物烧掉, 待冷却后通过第一次划线作第二次平行划线, 再用同样方法通过第二次划线部分作第三次划线和通过第三次平行划线部分作第四次平行划线。此目的是获得单个菌落。划线完毕后, 盖上培养皿。

2.3.1.4 培养

将各培养基平板倒置于30 ℃温度中培养。牛肉膏蛋白胨固体培养基培养1~2 d,高氏一号固体培养基培养 5~7 d, 查氏固体培养基培养 3~5 d。培养结束后, 微生物的菌落在平板上基本可以分开, 各个选择培养基中生长的微生物种类各不相同:细菌一般在牛肉膏蛋白胨培养皿中呈点状生长, 表面湿润, 有光泽;放线菌一般在高氏一号培养皿中生长, 菌斑小而干燥，故较难挑起；霉菌在查氏培养基中生长，菌斑较大，培养时间过长会有一些孢子生成。挑取单菌落进一步分离纯化6次后获得纯种的菌株。

2.3.2 菌种的筛选

絮凝微生物的筛选以菌种培养液对高岭土悬浊液的絮凝效果来判定[184]。

2.3.2.1 初筛

用250 mL三角瓶盛50 mL的发酵培养液，灭菌后将已编号的纯菌株接入其中，放入水浴摇床振荡器振摇，30±1℃培养3天，对所得的培养液进行絮凝活性的初步检测。在50 mL具塞比色试管中加入0.2 g高岭土，2 mL 1% $CaCl_2$溶液，定容至50 mL，再倒入2 mL培养液，然后摇均静止15 min，同时以不加菌的培养液的高岭土悬浊液为对照或以高岭土悬浊液对照，用分光光度计在550 nm处测吸光度。并用下面公式计算其絮凝率

$$絮凝率 = \frac{A-B}{A} \times 100\% \qquad (2.1)$$

式中：

A——对照上层清液的吸光度值；

B——样品上层清液的吸光度值。

2.3.2.2 复筛

将初筛获得的具有高絮凝活性的菌株接种到装有50 mL发酵培养基的灭菌后的250 mL锥形瓶中，放入水浴摇床振荡器振摇培养，30±0.5℃培养72 h，对所得的培养液进行絮凝活性的检测(按照初筛方法进行)。选取具有较高絮凝率的菌株作为复筛菌株，经不断接种传代和复筛，以确定其絮凝特性稳定而且可遗传，最后得到高效絮凝菌种。

2.3.3 絮凝活性物质分布

目前普遍认为微生物絮凝剂是微生物分泌的高分子聚合物，主要分为两类：一类是由菌体细胞分泌到细胞外，形成细胞外游离的胞外生物高分子物质，此时培养液就可以作为絮凝剂。例如，红拟青霉、平红球菌、酱

油曲霉等，但它们的菌体可能就没有絮凝作用。另一类则是像草分枝杆菌、真菌等菌体则可以利用菌体自身作为微生物絮凝剂。

为了进一步确定其主要作用是菌体细胞还是发酵液中的物质，本试验将复筛所得的絮凝剂产生菌发酵培养 3 天后，在 4000 rpm 的离心机上离心 25 min，收集上清液和菌体。菌体用蒸馏水洗涤 2～3 遍后，加入与上清液等体积的二次蒸馏水，制得菌细胞悬液。按照 2.3.2.1 小节的方法测定发酵液（A）、去菌细胞上清液（B）、菌细胞悬液（C）对高岭土的絮凝率。根据其絮凝率结果即可确定絮凝物质的分布。

2.3.4 菌种鉴定

对筛选得到的两株高效絮凝微生物菌株进行菌种鉴定，鉴定的方法包括常规的形态观察、染色观察、扫描电镜微观观察和 16SrDNA 序列相似性分析。

2.3.4.1 菌种形态观察方法

菌种形态观察采用固体培养基上菌落生长特征观察、电子显微镜下菌种形态观察、扫描电镜微观观察三种方法。

2.3.4.2 菌株的革兰氏染色

革兰氏染色是对细菌的一个重要的鉴别方法[185]，按照细菌对这种染色法反应的不同可以把细菌分为两种类型，即革兰氏阴性和革兰氏阳性。目前普遍认为，革兰氏阴性细菌细胞壁中脂类物质一般含量高，而肽聚糖含量低，因而在革兰氏染色中经过脂溶剂乙醇的处理，脂类物质会被溶解，细菌细胞壁的通透性增强，结晶紫—碘的复合物被提出，细菌被脱色，经蕃红复染后菌体呈现红色。革兰氏阳性细菌由于细胞壁肽聚糖层含量较高，而脂类物质含量低，经乙醇的脱色作用后细胞肽聚糖层的孔径变小，通透性降低，从而阻止了不溶性结晶紫—碘的复合物的浸出，细菌保持了初染时的深紫色。

1. 试剂

（1）溶液（a）：结晶紫 2 g、体积分数 95% 乙醇 20 mL；溶液（b）：草酸铵 0.8 g、蒸馏水 80 mL；溶液（a）和溶液（b）混合后便成为草酸铵结晶紫染色液。

(2)路哥尔氏碘液：碘 1 g、碘化钾 2 g、蒸馏水 300 mL。先将碘化钾溶于少量蒸馏水，再把碘溶解在碘化钾溶液中，然后加入其余的水即成。

(3)蕃红复染液：蕃红 2.5 g、体积分数 95% 乙醇 100 mL，取 20 mL 蕃红乙醇溶液与 80 mL 的蒸馏水混匀成蕃红稀释液。

2. 革兰氏染色步骤

一般地，革兰氏染色的主要步骤如下：

(1)取细菌(均以无菌操作)分别涂片、干燥、固定。

(2)用草酸铵结晶紫染液染 1 min，然后水洗。

(3)加革氏碘液媒染 1min，水洗。

(4)斜置载玻片于一烧杯上，滴加 95% 乙醇脱色，至流出的乙醇不现紫色即可，随即水洗(注：为了节约乙醇，可将乙醇滴在涂片上静置 30 s ～ 45 s，水洗)。

(5)用蕃红染液复染 1 min 后，水洗。

(6)用吸水纸吸掉水滴，待标本片干后置显微镜下，用低倍镜观察，发现目的物后再用油镜观察，菌体呈现紫色的为革兰氏阳性反应，呈现红色的即为革兰氏阴性反应。

2.3.4.3 扫描电镜样品的制备

将经过前期预处理的菌株分别以低速离心沉降降收集，弃去上清液，快速加入从冰箱中取出的浓度为 2.5% 的戊二醛固定液做前期固定。磷酸缓冲液清洗(三次)，1% 锇酸后固定。浸洗后乙醇梯度脱水 30%、50%、70%、90%、100%(两次)，干燥，喷金，电镜拍照。

2.3.4.4 16SrDNA 序列相似性分析鉴定

16Sr DNA 基因部分序列分析的测定是将菌种送至上海生工生物工程有限公司，委托该公司进行鉴定。

1. PCR 反应

(1) PCR 体系建立(50 μL)。Template(基因组) 10pmol；Primer up (10 μM) 1uL；Primer down (10 μM) 1μL；dNTP mix (10Mm each) 1μL；10 * Taq reaction Buffer 5μL；Taq (5μ/μL) 0.25 μL；加水至 50 μL。

（2）PCR 程序设定。预变性 98 ℃ 5 min；循环 95 ℃ 35s，55 ℃ 35s，72 ℃ 1min30s，35 个循环，延伸 8 min。

（3）PCR 产物电泳图谱，如图 2.2 所示。。

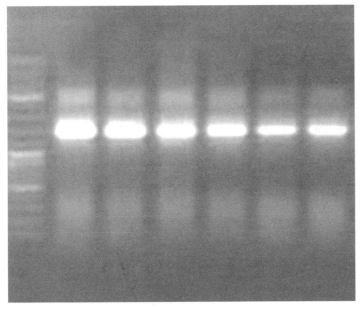

图 2.2　PCR 产物电泳图谱

（4）引物序列。

Primer up：5′AGAGTTTGATCCTGGCTCAG 3′ 20bp

Primer down：5′ GGTTACCTTGTTACGACTT 3′ 19bp

2. DNA 琼脂糖切胶纯化

由 PCR 产物电泳结果切割所需 DNA 目的条带，进行纯化，SK1131 胶回收 PDF 文档。

3. 目的片断 TA 克隆

（1）连接反应。

1μL	10 ×Ligation Buffer
1μL	50%PEG
50ng	pUCm –T Vector
0. 2 pmol	PCR Product
xμL	H20

2.5U　　　　　T4 DNA Ligase

Final Volume　　10μL

（2）连接产物转化。转化步骤如下：

1）100 μL 感受态细胞，置于冰上，完全解冻后轻轻将细胞均匀悬浮。

2）加入 10 μL 连接液，轻轻混匀。冰上放置 30 min。

3）42 ℃水浴热激 90 s。冰上放置 15～20 min。

4）加 400 μL SOC 培养基，37 ℃ 200～250 rpm 振荡培养 1 h。

5）室温下 4000 rpm 离心 5 min，用枪头吸掉 400 μL 上清液，用剩余的培养基将细胞悬浮。

6）将细菌涂布在预先用 20μL 100 mM IPTG 和 100μL 20 mg/ml X-gal 涂布的氨苄青霉素平板上。

7）平板在 37 ℃下正向放置 1 h 以吸收过多的液体，然后倒置培养过夜。

4. 质粒提取

使用生工质粒提取试剂盒 SK1191 UNIQ-10 柱式质粒小量抽提试剂盒提取 DNA。

5. DNA 测序

上海生工生物工程有限公司采用 16Sr DNA 对 C-2 进行测序。

2.4　结果与讨论

2.4.1 筛选结果

采用画线法用不同的培养基从土壤中共分离单菌种 16 株菌株；从污水处理厂污水中共分离出 14 株菌株；从玉带河水中共分离出 7 株菌株。

经初筛从土壤中分离出的絮凝性较好的细菌有 C-2、C-5 和 C-9，从污水处理厂污水中分离出的絮凝性较好的细菌有 B-01、B-05、B-11 和 B-12，从玉带河水中分离出的絮凝性较好的细菌有 P-1 和 P-7。它们的发酵液对高岭土悬浊液的絮凝活性能达到 78.25% 以上。对初筛分离出的絮凝性较好的菌株进行复筛，复筛后得到菌株 C-2 和 B-11 的胞外高聚物絮凝率较高，最稳定，它们对高岭土的絮凝活性分别为 92.78% 和 95.66%。在接下来的实验中决定以 C-2 和 B-11 作为研究对象。

2.4.2 絮凝活性组分的确定

按照 2.3.2.1 小节的方法分别测定菌体 C-2 和 B-11 发酵液（A）、去菌细胞上清液（B）、菌细胞悬液（C）对高岭土的絮凝率。结果分别如图 2.3 和 2.4 所示。

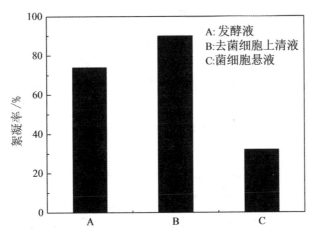

图 2.3 菌体 C-2 所产胞外生物高聚物絮凝活性分布图

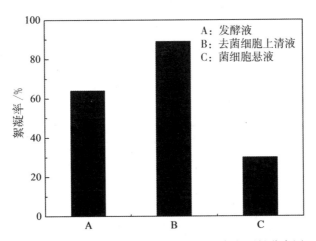

图 2.4 菌体 B-11 所产胞外生物高聚物絮凝活性分布图

由图 2.3 和 2.4 发现，菌体 C-2 和 B-11 的发酵液和去菌细胞上清液都具有较强的絮凝活性，且去菌细胞上清液的絮凝活性比发酵液要高，而菌细胞悬液的絮凝活性很低。由此可以推断，发酵液所具有的絮凝性，主要是由其发酵液部分引起，而不是由菌体引起的，菌体自身的絮凝性很弱。而去菌细胞上清液的絮凝活性比发酵液要高，说明发酵液中产生絮凝效果的物质主要是菌体胞外分泌物，且菌体胞外分泌物易与菌体分离游离于发酵液中。故本实验所研究的 C-2 和 B-11 产生的絮凝现象，是由其胞外分泌物引起的，该分泌物具有絮凝性。这与目前开发研究的微生物絮凝剂多是微生物分泌的菌体胞外高聚物结果相符合。如彭辉[186]用黑曲霉(Aspergillus niger)群产生的生物絮凝剂 TH6 及宫小燕[187]用 Bacillus. 产生的生物絮凝剂 B-2 培养液中絮凝物质主要集中在培养液的上清液中，菌细胞悬液中几乎没有絮凝活性或絮凝活性很低。

2.4.3 菌种形态结构和培养特征分析

微生物培养特性的观察也是微生物检验鉴别中的一项重要内容。细菌的培养特征包括以下内容：在固体培养基上，观察菌落大小、形态、颜色（色素是水溶性还是脂溶性）、光泽度、透明度、质地、隆起形状、边缘特征及迁移性等。

菌株 C-2 在细菌培养基上呈现典型特征，如图 2.5(a)所示，即圆形凸起，但中心有凹面，有光泽、不透明、乳状大菌落，培养物易挑起。两种菌在絮凝培养基上菌落形态变化较大。菌株 B-11 在培养基上呈现出的特征，如图 2.5(b)所示，形态不规则、边缘波状、隆起形状扁平、不透明乳黄色粘稠状。在光学显微镜下观察结果如图 2.6 所示。

两种单一菌经过结晶紫染色，这两种菌均为革兰氏阴性细菌。菌株经染色后于光学显微镜下观察，形态如图 2.7 所示。由图 2.7 可以看出，C-2 菌呈现多形态,有杆状、长椭圆形；B-11 菌为长椭圆形、圆形,个体较大。

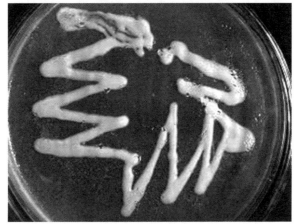

（a）C-2 菌落形态

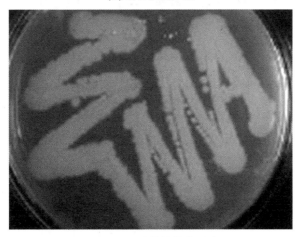

图 2.5　两种菌株菌落形态

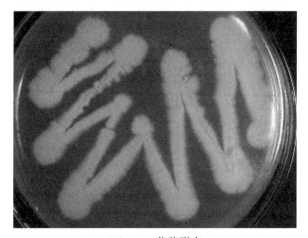

（b）B-11菌落形态

图 2.5　两种菌株菌落形态（续）

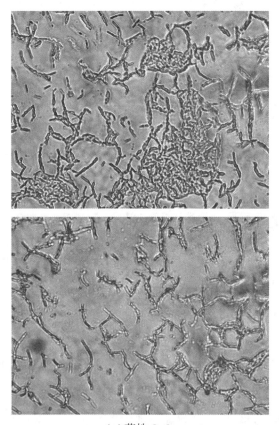

（a）菌株 C-2

图 2.6　两种菌株形态

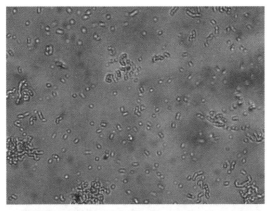

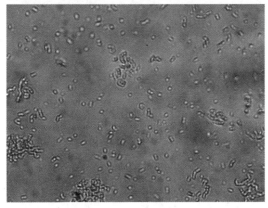

(b)菌株 B-11

图 2.6 两种菌株形态(续)

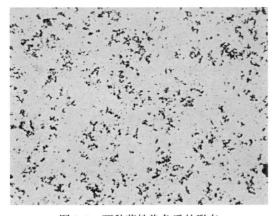

图 2.7 两种菌株染色后的形态

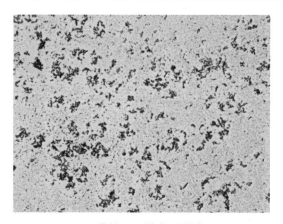

(a)菌株 C-2 染色后形态

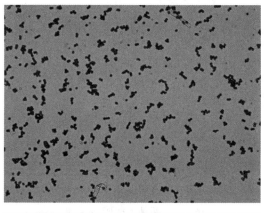

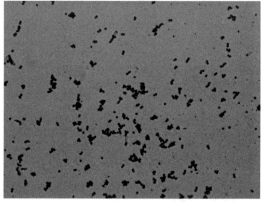

(b)菌株 B-11 染色后形态

图 2.7　两种菌株染色后的形态（续）

采用扫描电镜观察，结果如图 2.8 所示。

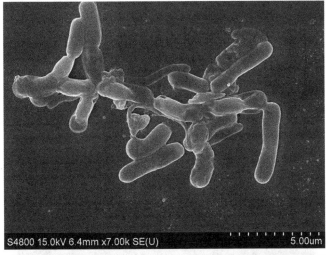

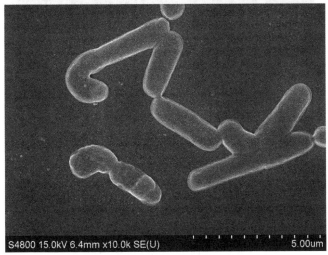

（a）菌株 C-2 扫描电镜图片

图 2.8　两种菌株的扫描电镜图片

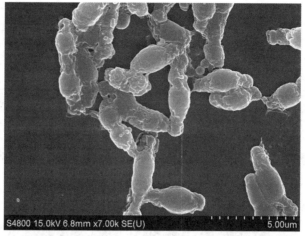

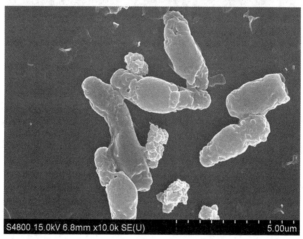

(b)菌株 B-11 扫描电镜图片

图 2.8　两种菌株的扫描电镜图片（续）

2.4.4 菌种鉴定

上海生工生物工程有限公司采用 16Sr DNA 对 C-2 进行测序。将测序结果与 NBCI 基因库中已有的菌种的 16Sr DNA 序列进行同源性比较和相似性分析，在分子水平对胞外高聚物产生菌进行系统发育、种属鉴定。菌株的 16Sr DNA 序列和 Blast 同源性检索表明，该菌株 16SrDNA 与 GenBank 中的 *Pseudomonas fluorescens* 同源性达到 99.7%，可以断定该菌种为荧光假单胞菌，命名为 *Pseudomonas fluorescens* C-2。其基因序列如下：

AATTCCTCCTGATATCTGCGCATTCCACCGCTACACAGGAAATTCCACTAC
CCTCTACCGTACTCTAGCTCAGTAGTTTTGGAGGCAGTTCCCAGGTTGAGCCCG
GGGATTTCACCTCCAACTTGCTGAACCACCTACGCGCGCTTTACGCCCAGTAAT
TCCGATTAACGCTTGCACCCTTCGTATTACCGCGGCTGCTGGCACGAAGTTAGC
CGGTGCTTATTCTGTTGGTAACGTCAAAACAGCAAGGTATTAACTTACTGCCCT
TCCTCCCAACTTAAAGTGCTTTACAATCCGAAGACCTTCTTCACACACGCGGCA
TGGCTGGATCAGGCTTTCGCCCATTGTCCAATATTCCCCACTGCTGCCTCCCGT
AGGAGTCTGGACCGTGTCTCAGTTCCAGTGTGACTGATCATCCTCTCAGACCAG
TTACGGATCGTCGCCTAGGTGAGCCATTACCTCACCTACTAGCTAATCCGACCT
AGGCTCATCTGATAGCGCAAGGCCCGAAGGTCCCCTGCTTTCTCCCGTAGGACG
TATGCGGTATTAGCGTTCCTTTCGAAACGTTGTCCCCCACTACCAGGCAGATTCC
TAGGCATTACTCACCCGTCCGCCGCTGAATCATGGAGCAAGCTCCACTCATCCG
CTCGACTTGCATGTGTTAAGCACGCAA

采用 16Sr DNA 对 B-11 进行测序。将测序结果与基因库中已有的菌种的 16Sr DNA 序列进行同源性比较，结果其序列与蜡样芽胞杆菌（*Bacillus cereus*）同源率达 98.6%，可以推断该菌种为蜡样芽胞杆菌，其基因序列如下：

AGAGTTTGATCATGGCTCAGGATGAACGCTGGCGGCGTGCCTAATACATG
CAAGTCGAGCGAATGGATTAAGAGCTTGCTCTTATGAAGTTAGCGGCGGACGG
GTGAGTAACACGTGGGTAACCTGCCCATAAGACTGGGATAACTCCGGGAAACC
GGGGCTAATACCGGATAACATTTTGAACCGCATGGTTCGAAATTGAAAGGCGG
CTTCGGCTGTCACTTATGGATGGACCCGCGTCGCATTAGCTAGTTGGTGAGGTA
ACGGCTCACCAAGGCAACGATGCGTAGCCGACCTGAGAGGGTGATCGGCCAC
ACTGGGACTGAGACACGGCCCAGACTCCTACGGGAGGCAGCAGTAGGGAATC
TTCCGCAATGGACGAAAGTCTGACGGAGCAACGCCGCGTGAGTGATGAAGGCT
TTCGGGTCGTAAAACTCTGTTGTTAGGGAAGAACAAGTGCTAGTTGAATAAGTT
GGCACCTTGACGGTACCTAACCAGAAAGCCACGGCTAACTACGTGCCAGCAGC
CGCGGTAATACGTAGGTGGCAAGCGTTATCCGGAATTATTGGGCGTAAAGCGC
GCGCAGGTGGTTTCTTAAGTCTGATGTGAAAGCCCACGGCTCGACCGTGGAGGG

TCATTGGAAACTGGGAGACTTGAGTGCAGAAGAGGAAAGTGGAATTCCATGTG
TAGCGGTGAAATGCGTAGAGATATGGAGGAACACCAGTGGCGAAGGCGACTT
TCTGGTCTGTAACTGACACTGAGGCGCGAAAGCGTGGGGAGCAAACAGGATTA
GATACCCTGGTAGTCCACGCCGTAAACGATGAGTGCTAAGTGTTAGAGGGTCTC
CGCCCTTTAGTGCTGAAGTTAACGCATTAAGCACTCCGCCTGGGGAGTACGGCC
GCAAGGCTGAAACTCAAAGGAATTGACGGGGGCCCGCACAAGCGGTGGAGCA
TGTGGTTTAATTCGAAGCAACGCGAAGAACCTTACCAGGTCTTGACATCCTCTG
AAAACCCTAGAGATAGGGCTTCTCCTTCGGGAGCAGAGTGACAGGTGGTGCAT
GGTTGTCGTCAGCTCGTGTCGTGAGATGTTGGGTTAAGTCCCGCAACGAGCGCA
ACCCTTGATCTTAGTTGCCATCATTAAGTTGGGCACTCTAAGGTGACTGCCGGTG
ACAAACCGGAGGAAGGTGGGGATGACGTCAAATCATCATGCCCCTTATGACCT
GGGCTACACACGTGCTACAATGGACGGTACAAAGAGCTGCAAGACCGCGAGG
TGGAGCTAATCTCATAAAACCGTTCTCAGTTCGGATTGTAGGCTGCAACTCGCC
TACATGAAGCTGGAATCGCTAGTAATCGCGGATCAGCATGCCGCGGTGAATAC
GTTCCCGGGCCTTGTACACACCGCCCGTCACACCACGAGAGTTTGTAACACCC
GAAGTCGGTGGGGTAACCTTTTTGGAGCCAGCCACCTAAGGTGGGACAGATGA
TTGGGGTGAAGTCGTAACAAGGTAACC

2.4.5 鉴定结果

结合菌株 C-2 和 B-11 的个体形态、菌落特征和生理生化特征，参照《伯杰氏细菌鉴定手册》和 16S rDNA 测序结果，鉴定菌株 C-2 和 B-11 分别为：荧光假单胞菌(*Pseudomonas fluorescens*)和蜡样芽胞杆菌(*Bacillus cereus*)。

2.5 本章小结

本章先对高絮凝活性胞外高聚物产生菌的筛选和分离过程作了介绍，并且从土壤、污水厂污水和玉带河水中分离得到的菌株中筛选出 37 株菌，初筛出 9 株为絮凝活性较高的高聚物产生菌，经进一步复筛发现两种菌株

C-2和 B-11 产生胞外高聚物絮凝效果最好、稳定性好，确定菌株 C-2 和 B-11作为本书试验菌株。

　　测定高絮凝活性胞外高聚物产生菌 C-2 和 B-11 发酵液、去菌细胞上清液、菌细胞悬液对高岭土的絮凝率，结果显示，本实验所研究的菌株 C-2和 B-11 产生的絮凝现象，是由其胞外分泌物引起的。该胞外生物高聚物具有絮凝性。通过观察细菌的菌落形态和菌体形态、生理生化指标的测定以及 16SrDNA 的测序，对菌株 C-2 和 B-11 进行了鉴定。鉴定结果表明，菌株C-2和 B-11 分别为：荧光假单胞菌（*Pseudomonas fluorescens*）和蜡样芽胞杆菌（*Bacillus cereus*）。

第 3 章

胞外生物高聚物 PFC02 制备及成分分析

3.1 引言

生物絮凝剂的产量与培养条件密切相关，发酵培养基组成、初始的 pH 值、温度、通气量以及培养时间等培养条件都直接影响絮凝剂的生成及絮凝剂的活性。对絮凝剂产生菌的培养条件进行优化，找出最佳培养条件显得尤为重要。目前限制微生物絮凝剂广泛应用的关键性问题是发酵条件成本过高，故降低微生物絮凝剂的生产成本成为微生物絮凝剂研究中一个亟待解决的问题，具有重要现实意义。使用廉价培养基能够作为菌株发酵生产微生物絮凝剂的替代培养基，尤其是培养基中所用碳源为廉价的物质，将会大大降低微生物絮凝剂的生产成本。本实验选取糖蜜废水作为 *Pseudomonasfluorescens* C-2 生产微生物絮凝剂的碳源，通过单因素实验和正交实验确定 *Pseudomonasfluorescens* C-2 的最佳培养条件。通过一系列提取纯化步骤对 *Pseudomonasfluorescens* C-2 产生的胞外高聚物进行提取纯化，制备胞外高聚物 PFC02，通过呈色反应、硅胶薄层色谱分析、紫外光谱分析和红外光谱分析对胞外高聚物 PFC02 主要活性成分进行分析。

3.2 胞外生物高聚物 PFC02 产生菌优化培养

3.2.1 实验材料与方法

3.2.1.1 实验材料

1. 菌种

试验所用菌种为荧光假单胞菌 *Pseudomonasfluorescens* C-2。

2. 种子培养基

葡萄糖 20 g，KH_2PO_4 2 g，K_2HPO_4 5 g，$(NH_4)_2SO_4$ 0.2 g，NaCl 0.1 g，脲 0.5 g，酵母膏 0.5 g，蒸馏水 1 L，pH 值为 7，压力为 0.07 MPa、温度为 115 ℃，灭菌 30 min。

3. 糖蜜废水

江苏省某制糖厂排放废水，COD_{cr} 为 39367.8 mg/L，pH 值为 6.50，将糖蜜废水用自来水稀释成不同的倍数，用于配制糖蜜废水培养基。

4. 糖蜜废水培养基

糖蜜废水（COD_{cr} 为 6000 mg/L）1 L，KH_2PO_4 2 g，K_2HPO_4 5 g，$(NH_4)_2SO_4$ 0.2 g，NaCl 0.1g，脲 0.5 g，酵母膏 0.5 g，蒸馏水 1 L，pH 值为 7，温度为 115 ℃，灭菌 30 min。

3.2.1.2 实验方法

1. 胞外生物高聚物样品制备

将菌种接入种子培养基，在 30 ℃、160 rpm 摇床转速下培养 3～4 d，发酵液作为种子培养液。将 2.0 mL 种子培养液接种于 50 mL 糖蜜废水发酵培养基中，30 ℃、160 rpm 摇床发酵培养 72 h 后，发酵液在 5000 rpm 下离心 20 min，上清液作为胞外生物高聚物样品。

2. 单因素实验研究培养条件对胞外高聚物絮凝活性的影响

采用单因素实验，分别考查糖蜜废水浓度、种子液接种量、培养基初始 pH 值、培养温度和通气量对荧光假单胞菌产生的胞外生物高聚物絮凝活性的影响。

3. 正交实验进行培养条件的优化

根据以上单因素实验的结果，在温度为 30 ℃、摇床转速为 160 rpm、培养时间为 72 h 的条件下进行正交实验，考查糖蜜废水浓度、种子液接种量和培养基初始 pH 值对荧光假单胞菌产胞外高聚物絮凝活性的影响。以高岭土悬浊液的絮凝率为实验指标，实验安排选取 $L_9(3^4)$ 正交实验表[188]。根据正交实验结果和方差分析结果得出各因素对高岭土悬浊液的絮凝效果影响显著性大小和各因素最佳水平，从而确定出最佳培养条件。

4. 絮凝率的测定

在 200 mL 烧杯中加入 4g/L 的高岭土悬浊液 93 mL、1% 的 $CaCl_2$ 溶液 5 mL、胞外生物高聚物样品 2 mL，用 1 mol/L 的 NaOH 溶液或 1mol/L 的 HCl 溶液将 pH 值调至 7.0 左右；将其置于电动搅拌器上，先快速

(250 rpm)搅拌 1 min，再慢速(80 rpm)搅拌 2 min，静置 15 min 后吸取上清液测定吸光度 OD_{550} 值。以蒸馏水代替胞外生物高聚物样品作对照试验，并用以下公式计算其絮凝率：

$$絮凝率 = \frac{A - B}{A} \times 100\% \tag{3.1}$$

式中：

　　A——对照样上清液在 550 nm 处的吸光度；

　　B——絮凝后上清液在 550 nm 处的吸光度。

3.2.2 结果与讨论

3.2.2.1 单因素实验

1. 糖蜜废水浓度对胞外生物高聚物絮凝活性的影响

以糖蜜废水代替种子培养基中葡萄糖作为荧光假单胞菌产胞外高聚物的碳源和能源，研究培养基中糖蜜废水的浓度(以 COD_{Cr} 表示)对菌体产胞外高聚物絮凝高岭土悬浊液的影响，结果如图 3.1 所示。糖蜜废水中 COD_{Cr} 在 6000～8000 mg/L 范围内，胞外高聚物样品对高岭土悬浊液的絮凝率达 80.00%以上，当 COD_{Cr} 小于 4000 mg/L 时，高岭土悬浊液的絮凝率下降至 73.75%，当 COD_{Cr} 浓度达到 12000 mg/L 时，高岭土悬浊液的絮凝下降至 35.50%。这主要是由于培养基中糖蜜废水浓度过低会使细菌不能获取足够的碳源和能源，从而影响其生长繁殖和所产絮凝剂的絮凝活性；过高则会使废水中对微生物生长有抑制作用的物质浓度升高，进而影响细菌的生长和所产胞外高聚物的絮凝活性。

2. 培养基初始 pH 值对胞外生物高聚物絮凝活性的影响

用 1%NaOH 溶液或 1%HCl 溶液调节糖蜜废水培养基的 pH 值，研究培养基初始 pH 值对荧光假单胞菌产胞外生物高聚物絮凝高岭土悬浊液的影响。培养基的初始 pH 值不仅会影响菌细胞的带电状态，还会影响培养基中有机化合物的离子化，导致有机物与微生物细胞表面的吸附作用发生变化，进而影响微生物对有机物的利用。而且，在微生物合成絮凝剂中起作用的酶只有在最适宜的 pH 值时才能发挥其最大活性。由图 3.2 可以看出，

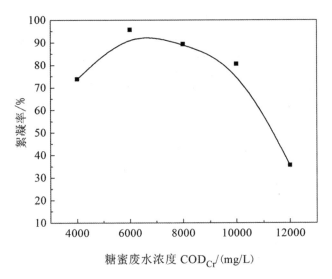

图 3.1 糖蜜废水浓度对高岭土悬浊液絮凝效果的影响

当 pH 值大于 6.5 时，高岭土悬浊液的絮凝率达到 86.00% 以上，pH 值大于 7.5 时，高岭土悬浊液的絮凝率有所下降，较适宜的 pH 值为 7.0 左右。

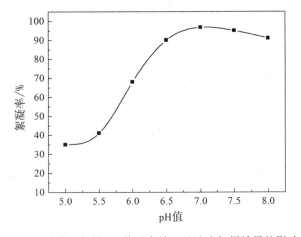

图 3.2 培养基初始 pH 值对高岭土悬浊液絮凝效果的影响

3. 培养温度对菌产胞外高聚物絮凝活性的影响

调节糖蜜废水培养基的 pH 值为 7.0，将种子液接种至糖蜜废水培养基中，研究培养温度对荧光假单胞菌产胞外高聚物絮凝高岭土悬浊液的影响，结果如图 3.3 所示。培养温度低于 30 ℃时，菌体所产胞外高聚物的絮凝活性随温度升高而增强；在培养温度为 30 ℃时，胞外高聚物的絮凝活性最高，对高岭土悬浊液絮凝率为 93.50%；继续升高培养温度，所产胞外高聚物的絮凝活性迅速下降。因为微生物的生命活动和物质代谢都与温度有关，适宜的温度有利于微生物保持良好的生长和代谢速率，温度过高或过低均会影响酶的活性，使细胞代谢缓慢，影响胞外高聚物的絮凝活性。

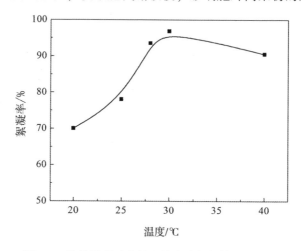

图 3.3　培养温度对高岭土悬浊液絮凝效果的影响

4. 接种量对菌产胞外生物高聚物絮凝活性的影响

调节糖蜜废水培养基的 pH 值为 7.0，改变 50 mL 糖蜜废水培养基中荧光假单胞菌种子液接种量，研究接种量对菌产胞外高聚物絮凝高岭土悬浊液的影响，结果如图 3.4 所示。图 3.4 表明，当接种量小于 2.5 mL 时，菌体所产胞外高聚物的絮凝活性随接种量的增加而增强，当接种量为 2.5 mL 时，絮凝剂絮凝活性最高，对高岭土悬浊液絮凝率为 94.80%，继续增加接种量，所产絮凝剂的絮凝活性下降，当接种量为 3.5 mL 时，对高岭土悬浊液絮凝率为 70.20%。

5. 通气量对菌产胞外生物高聚物絮凝活性的影响

调节糖蜜废水培养基的 pH 值为 7.0，将种子液接种至糖蜜废水培养基中，通过改变摇床转速改变通气量，研究通气量对荧光假单胞菌产胞外高聚物絮凝高岭土悬浊液的影响，结果如图 3.5 所示。

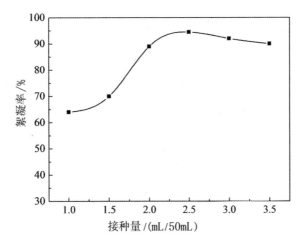

图 3.4 接种量对高岭土悬浊液絮凝效果的影响

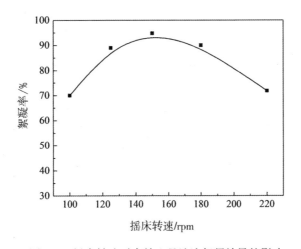

图 3.5 摇床转速对高岭土悬浊液絮凝效果的影响

当通气量小于 150 rpm 时，菌体所产胞外高聚物的絮凝活性随着通气量的增加而增加，当摇床转速增加至 150 rpm 时，絮凝剂絮凝活性最高，对高岭土悬浊液的絮凝率为 94.80%，当摇床转速增加至 220 rpm 时，所产高聚物对高岭土悬浊液的絮凝率为 71.80%。因为通气量的变化会影响发酵液中的溶解氧的浓度，通气量太小会导致发酵液中溶解氧不足，从而影响微生物的生长；通气量太大，发酵液中溶解氧充足，细胞代谢活力强，合成细胞物质速度快，微生物生长旺盛，但所产胞外生物高聚物的絮凝活性却不与其成正比。

3.2.2.2 正交实验

根据以上单因素实验的结果，进行胞外生物高聚物絮凝高岭土悬浊液的正交实验，考查荧光假单胞菌的最佳培养条件，正交实验因素及水平见表3.1，试验结果见表3.2，方差分析见表3.3。

表 3.1　正交实验的因素与水平

因素	水平		
	A 糖蜜废水浓度 COD_{Cr}/（mg/L）	B 培养基初始 pH 值	C 接种量/ （mL/50mL）
1	6000	7.0	2.0
2	8000	8.0	2.5
3	10000	9.0	3.0

表 3.2　正交实验设计及实验结果

实验号	A	B	C	空白	絮凝率/%
1	1	1	1	1	77.62
2	1	2	2	2	89.59
3	1	3	3	3	79.78
4	2	1	2	3	91.06
5	2	2	3	1	67.80
6	2	3	1	2	70.68
7	3	1	3	2	86.20
8	3	2	1	3	85.60
9	3	3	2	1	94.11
M_1	247.05	254.76	233.79	239.42	
M_2	229.52	243.00	274.75	246.50	

续表

实验号	A	B	C	空白	絮凝率/%
M_3	265.90	244.71	233.88	256.53	絮凝率/% $\bar{y} = 82.52$
m_1	82.34	84.91	77.94	79.81	
m_2	76.51	81.00	91.58	82.17	
m_3	88.63	81.57	77.96	85.51	
R_J	36.38	11.74	40.93	17.11	
S_J	220.44	26.78	371.52	49.23	

表 3.3　絮凝率的方差分析

方差来源	平方和 S	自由度 f	均方和 $\bar{S}$	F 值	显著性
A	220.43	2	110.22	5.80	*
B	26.78	2	13.39		
C	371.51	2	185.74	9.78	* *
e	50.00	2	24.61	1.30	
$e^{\triangle}$	76.01	4	19.00		

注：＊＊代表影响高度显著；＊代表影响显著。

　　根据表 3.1 和表 3.2，各因素对菌体产胞外生物高聚物絮凝高岭土悬浊液的影响从大到小依次为：接种量>糖蜜废水浓度>培养基初始 pH 值。接种量的影响高度显著，糖蜜废水浓度影响显著，而培养基初始 pH 值对其无显著影响。从表 3.2 的 M_i 值可知，该菌产胞外生物高聚物絮凝高岭土悬浊液的最佳培养条件为 $A_3B_1C_2$，即：糖蜜废水浓度为 10000 mg/L（以 COD_{Cr} 表示），培养基初始 pH 值为 7.0，接种量为 2.5 mL/50 mL。在此优化培养条件下，对高岭土悬浊液的絮凝率达 95.92%。

3.3 胞外生物高聚物 PFC02 的提取纯化

3.3.1 实验药品及仪器

3.3.1.1 实验药品

本实验使用的主要药品如下：

(1)无水乙醇(分析纯，上海化学试剂有限公司)。

(2)丙酮(分析纯，国药集团化学试剂有限公司)。

(3)氯仿(分析纯，江苏宜兴宜城化学试剂厂)。

(4)正丁醇(分析纯，上海中联试剂精细化学品有限公司)。

(5)三氟乙酸(Tedia 公司)。

(6)D-葡萄糖、D-半乳糖、D-甘露糖、L-鼠李糖、L-阿拉伯糖、D-木糖和 L-岩藻糖(国产生化试剂)。

(7)α-萘酚(分析纯，上海亭新化工厂)。

(8)浓硫酸(分析纯，上海化学试剂有限公司)。

(9)蒽酮(分析纯，上海医药集团上海化学试剂公司)。

(10)茚三酮(分析纯，上海医药集团上海化学试剂公司)。

(11)重蒸酚(分析纯，上海化学试剂站中心化工厂)。

(12)硫酸铜(分析纯，上海四星医药科技工贸公司)。

(13)考马斯亮兰 G-250(分析纯，上海世泽生物科技有限公司)。

(14)磷酸(分析纯，中国振亚化工厂)。

(15)葡聚糖凝胶 G-100(北京世纪银丰科技有限公司)。

(16)葡萄糖(化学纯，上海化学试剂分装厂)。

3.3.1.2 实验仪器与设备

本实验使用的主要仪器与设备如下：

(1)NICOLET NEXUS 470 FT-IR 光谱仪(Thermoelectric，USA.)。

(2)岛津紫外可见分光光度计(日本)。

（3）S-4800 场发射扫描电子显微镜(Hitachi High，Japan)。

（4）X-射线能量色散光谱(Edax，USA)。

（5）高速离心机(上海手术器械厂)。

（6）旋转蒸发仪(RE-52C，巩义市英峪予华仪器厂)。

（7）透析袋(上海绿鸟科技发展有限公司)。

（8）真空干燥箱(北京利康达圣科技发展有限公司)。

（9）凝胶层析柱(DBS-100，上海沪西分析仪器厂有限公司)。

（10）恒流泵(DHL-A，上海沪西分析仪器厂有限公司)。

3.3.2 实验方法

3.3.2.1 胞外生物高聚物 PFC02 提取纯化

胞外生物高聚物多为多糖、蛋白质和核酸类高分子化合物，并且这些高分子化合物在乙醇中溶解度极小，而且温度越低，其溶解度越小，又由于乙醇的吸水性很强，因此生物高分子物质会析出沉淀。低分子有机物和无机盐会随着水分进入无水乙醇，使胞外生物高聚物得以提取出来。用截留分子量为 3500 的透析袋可以将絮凝剂中混入培养基的离子和小分子除去，实现对絮凝剂的初步纯化。Sephadex G-100 凝胶柱层析：Sephadex G-100 凝胶 40 g 加入 500 mL 蒸馏水搅拌静置，弃去漂浮杂物，100 ℃沸水浴 3 小时充分溶涨，以备装柱。浸泡好的 Sephadex G-100 装柱，柱长 1 m，直径 24 mm，装好后的有效柱长度为 50 cm，将柱子用蒸馏水静态平衡 24 h，动态平衡 48 h，使凝胶更加紧密，避免在洗脱的时候出现断层。仔细上样，用 0.1 mol/L 的 NaCl 洗脱，洗脱速度为 0.3 mL/min，20 min 一管，每管 5 mL。收集液用苯酚-硫酸法检测，并以管号对光密度作图。合并同一洗脱峰含糖部位，蒸馏水透析 1 天以除去氯化钠，低温浓缩至 50 mL，加入 3 倍的 95%乙醇醇析 12 h，在 4 ℃，4000 rpm 离心 15 min。沉淀物用无水乙醇洗涤 3 次，冷冻干燥后保存。

根据 2.4.2 节的研究结果发现，本实验所研究的荧光假单胞菌 *Pseudomonasfluorescens* C-2 产生的絮凝现象，是由其胞外分泌物引起的，该菌体胞外生物高聚物具有絮凝活性。该菌体胞外生物高聚物命名为 PFC02，

PFC02 的提取纯化步骤如图 3.6 所示。

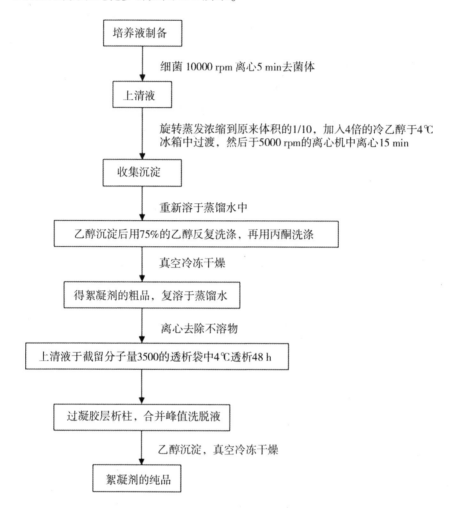

图 3.6　胞外生物高聚物 PFC02 的提取纯化步骤

3.3.2.2 胞外生物高聚物 PFC02 的组成及结构分析

胞外生物高聚物的分子大小、结构、形状和所带基团都极大地影响着生物高聚物的絮凝活性。这些性质的研究为胞外高聚物的絮凝性能、作用机理及生物高聚物的定位基因等研究提供科学依据和理论基础。

1. 胞外生物高聚物 PFC02 的定性分析

（1）α-萘酚反应（Molisch 反应）。糖经无机酸（硫酸、盐酸）的浓溶液作用，脱水生成糠醛或糠醛衍生物，后者能与 α-萘酚生成紫红色物质。该反应不是糖类的特异反应，各种糠醛衍生物也有阳性反应。

Molisch 试剂：5 g α-萘酚用 95% 乙醇溶解至 100 mL，使用前配制，保存于棕色瓶内。

操作步骤：取试管，编号，然后分别加入各种待测糖溶液 1 mL，然后加 2 滴 Molisch 试剂，摇匀。倾斜试管，沿管壁小心加入约 1 mL 浓硫酸，切勿摇动，小心竖直后仔细观察两层页面交界处颜色变化。用水代替糖溶液，重复一遍，观察结果。记录各管中出现的颜色。

（2）蒽酮反应。糖类遇浓硫酸时，脱水生成糠醛衍生物，后者可与蒽酮缩合成蓝绿色的化合物。

蒽酮溶液：把 0.2 g 蒽酮溶于 100 mL 浓硫酸中，使用前配制。

操作步骤：取试管，编号，均加入约 2 mL 蒽酮溶液，再向各管滴加 5 滴各种待测糖溶液，充分混匀，观察各管颜色变化并记录。

（3）茚三酮显色法。α-氨基酸与茚三酮在弱酸性溶液中共热，反应后经失水脱羧生成氨基茚三酮，再与水合茚三酮反应生成紫红色，最终为蓝色的物质。脯氨酸等仲胺氨基酸与茚三酮反应生成黄色物质。该反应可广泛用于各种氨基酸定性或定量测定，并且颜色深浅与氨基酸含量成正比。

试液：茚三酮 0.2 g 溶于乙醇 100 mL 或溶于 100 mL 正丁醇，加乙酸 3 mL。

操作步骤：取样品的水溶液 1 mL，加入茚三酮试液 2～3 滴，然后加热煮沸 4～5 分钟，待其冷却，呈现红色棕色或蓝紫色（蛋白质、胨类、肽类及氨基酸）。

（4）双缩脲反应。凡具有两个或两个以上肽键的化和物，都可以在碱性溶液中与铜离子形成紫红色的复合物，即双缩脲反应。此络合物颜色的深浅与改化合物的浓度成正比。蛋白质分子因具有多个肽键，因此具有双缩脲反应。因此可以通过此反应对蛋白质进行定性及定量的测定。

双缩脲试剂：取 10 g 氢氧化钠配制成 100 mL 质量浓度为 0.1 g/mL 的氢氧化钠溶液，瓶口塞上胶塞，贴上标签，写上双缩脲试剂 A。取 1 g 硫酸铜配制成 100 mL 质量浓度为 0.01 g/mL 的硫酸铜溶液（蓝色）。瓶口塞上胶塞，贴上标签，写上双缩脲试剂 B。

操作步骤：取试管，加入待测溶液 1mL，然后先加双缩脲试剂 A 造成碱性环境，约 2 mL 。再加双缩脲试剂 B 3～4 滴左右，然后观察溶液颜色变化。

（5）胞外生物多聚糖组成分析。薄层层析：取胞外多糖纯品 10 mg，加入 2 mol/L 三氟乙酸（TFA）2 mL，120 ℃密闭水解 2 h。蒸干去除 TFA，水溶解进行薄层层析（TLC）。

称取硅胶 5 g 于 50 mL 烧杯中，加入 0.3 mol/L NaH$_2$PO$_4$水溶液 12 mL，混合均匀后铺板（10 cm×20 cm），晾干后 110 ℃活化 1 h。取上述水解物点样，展开剂为正丁醇∶乙酸乙醋∶异丙醇∶醋酸∶水∶吡啶＝35∶100∶60∶35∶30∶30，以 D-葡萄糖（Glucose）、D-半乳糖（Galactose）、D-甘露糖（Mannose）、D-鼠李糖（Rhamnose）、D-阿拉伯糖（Arabinose）、D-木糖（Xylose）和 D-岩藻糖（Fucose）为标准单糖作对照。将展开过的薄板上，室温下凉至溶剂挥发干净后，105 ℃干燥箱烘烤 10 min，取出冷却，然后将苯胺-邻苯二甲酸显色剂均匀喷洒在薄层板上，此板 105 ℃烘烤 10 min 后，观察斑点的颜色，同时用直尺量糖移动的距离和前沿线距离，以计算单糖的 R_f值。

2. 胞外生物高聚物 PFC02 的定量分析

胞外生物高聚物 PFC02 粗品中总糖含量的测定采用苯酚-硫酸法，以葡萄糖为标准溶液。下面对利用苯酚硫酸法测定多糖的含量进行介绍。

（1）试剂。5 g 重蒸酚（收集 182 ℃冷凝的苯酚）加入 95 mL 蒸馏水，摇匀备用，浓硫酸，葡萄糖。

（2）标准曲线的制作。精确称取经过干燥的葡萄糖 10 mg，溶于 100 mL 的去离子水，分别稀释成浓度为 10 μg/mL、20 μg/mL、30 μg/mL、40 μg/mL、50 μg/mL、60 μg/mL 的溶液，取该溶液各 0.2 mL 置于 10 mL 的试管中，加入 50 g/L 苯酚溶液 0.4 mL，混合后迅速加入 2 mL 浓硫酸，混合均匀后，室温放置 30 min，用 722 型分光光度计，10 mm 光径比色皿，在波长 490 nm 测定吸光度，空白以去离子水代替糖溶液。以光密度为纵坐标、糖含量为横坐标得标准曲线。

（3）胞外高聚物多糖含量测定。精确称取 0.1 g 胞外高聚物样品，移入 100 mL 容量瓶配置成 1.0 mg/mL 的溶液，重复吸取两次该溶液 0.2 mL，同制作标准曲线操作相同，比色测定，根据标准曲线和样品光密度计算多糖含量。

$$多糖的百分含量(\%) = \frac{v}{w} \times 100 \qquad (3.2)$$

式中:

v——检出量, mg;

w——样品重量, mg。

3. 胞外生物高聚物 PFC02 的表征

(1)紫外光谱扫描。紫外光谱扫描可定性分析样品中是否含有蛋白质和核酸, 蛋白质在 280 nm 处有吸收峰, 核酸在 260 nm 处有吸收峰, 而糖类在紫外区没有吸收峰。用日本岛津紫外可见分光光度计 UV-2450 对絮凝剂水溶液在 190～400 nm 范围内进行扫描分析, 测试胞外生物高聚物在紫外光区是否有吸收峰以及吸收峰的大小。

(2)红外光谱扫描。利用红外光谱可以进行一些复杂化合物的定性及定量分析, 检验分子中的一些官能团和氢键的存在。要解析一张红外谱图, 必须了解红外光谱的两个特征:谱峰位置(用波数表示), 它是指某一基团存在的最有用的特征;谱峰形状, 它往往也能提供有关基团的一些信息。

实验采用压片法进行样品固定, 即 KBr 压片法。先用玛瑙研钵将光谱纯级的 KBr 研细, 然后在真空干燥箱中 105 ℃烘干, 保存在干燥器中备用。以样品 1～2 mg 对 KBr100～200 mg 的比例在玛瑙研钵中研细混匀, 颗粒大小不超过 2 μm, 混匀后压片, 制成直径约 13 mm、厚 0.8 mm 薄片, 在 400～4000/cm 范围红外光谱扫描分析絮凝剂分子中的特征官能团。

3.3.3 结果与讨论

3.3.3.1 提取纯化结果

胞外生物高聚物粗品经 Sephadex G-100 凝胶柱层析纯化, 得到 2 个洗脱峰(图 3.7)。对收集到的洗脱峰的洗脱液进行絮凝活性的测定, 前一个洗脱峰的洗脱液具有较高的絮凝活性, 后一个洗脱峰的洗脱液絮凝活性较低, 不是本次实验研究的对象, 因此不对其进行研究。这说明絮凝活性成分主要集中于前一个洗脱峰中。合并 7～14 管内的洗脱液进行醇沉、透析得到絮凝剂的纯品。荧光假单胞菌所产胞外生物高聚物（EPS PFC02）纯品为褐色的微细颗粒，产量为 3.873 g/L。

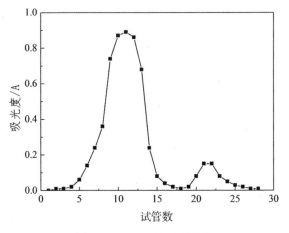

图 3.7　PFC02 的洗脱曲线

3.3.3.2 定性分析结果

1. 呈色反应结果

对胞外高聚物 PFC02 进行了糖、蛋白质呈色反应，结果发现，PFC02有明显的糖类颜色反应，在 Molish 反应中，浓硫酸和样品分界面上有清晰的紫环生成，蒽酮反应呈现蓝绿色；而没有蛋白质的特征反应。在茚三酮和双缩脲反应中均没有颜色变化。因而，可以定性判断出该胞外生物高聚物主要活性成分是多糖。

2. 硅胶薄层色谱分析

经薄层色谱展层分析，水解液出现三个明显的斑点，其比移值（R_f）分别为：0.139、0.185 和 0.214。其值分别与半乳糖醛酸（$R_f = 0.138$）、标准葡萄糖（$R_f = 0.190$）和甘露糖（$R_f = 0.218$）的比移值相近，因此，可初步确定该胞外多糖是由葡萄糖、半乳糖醛酸和甘露糖等单糖组成的杂多糖。

3.3.3.3 定量分析结果

1. 多糖标准曲线的绘制

按苯酚–硫酸法配制多糖标准溶液，测定结果见表 3.4。

表 3.4 多糖标准溶液 OD$_{490}$ 值

多糖度(μg/mL)	0	10	20	30	40	50	60
OD$_{490}$	0	0.053	0.084	0.127	0.173	0.229	0.286

将多糖浓度与吸光度建立回归方程，结果如图 3.8 所示。

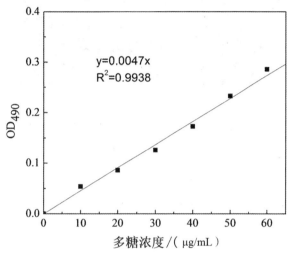

图 3.8 多糖含量标准曲线

用苯酚硫酸法测定配制的 1.0 mg/mL 胞外高聚物溶液的含糖量，得到 EPS PFC02 多糖含量为 88.42%，其余成分可能是盐和少部分核酸之类的物质。

3.3.3.4 胞外生物高聚物 PFC02 表征

1. SEM-EDX 分析

用 S-4800 场发射扫描电子显微镜对胞外生物高聚物 PFC02 样品固定、脱水、喷金后进行分析，结果如图 3.9 所示。由扫描电镜照片图 3.9 可以看出，胞外高聚物 PFC02 的表面粗糙、凹凸不平并具有多孔结构，具有较大的比表面积，表面大部分存在较小的凸起，微孔非常丰富，且微孔排列有序，层次分明，这些多孔结构为吸附提供了良好的空间结构。

图3.9 胞外生物高聚物 PFC02 的扫描电镜图

采用 EDX 技术对胞外生物高聚物 PFC02 进行元素半定量分析,结果如图3.10 所示。由图3.10 可以观察到,除了 C、O 之外,Na、P、S、Cl 和 K 是胞外生物高聚物 PFC02 的主要元素。

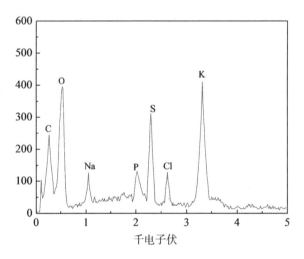

图3.10 胞外生物高聚物 PFC02 X–射线能谱图

2. 紫外光谱分析

紫外光谱能够较准确地给出某个给定化合物的共轭骨架结构信息。众多文献报道[189,190],由于蛋白质中色氨酸、酪氨酸在 280 nm 处有较强吸收,苯丙氨酸在 260 nm 处有较弱吸收,因而蛋白质的紫外光谱表现为在 280 nm 处有强吸收峰,而核酸也在 260 nm 处有特征吸收峰。PFC02 水溶液的紫外光谱图如图 3.11 所示，由图可知 PFC02 在 204 nm 处出现唯一的强吸收峰，在 260 nm 处有一较弱的吸收峰，证明有少量的核酸存在，在 280 nm 处没有吸收峰说明 PFC02 中不存在蛋白质。由紫外光谱图可以初步说明 PFC02 的主要成分为多糖和核酸的混和物。

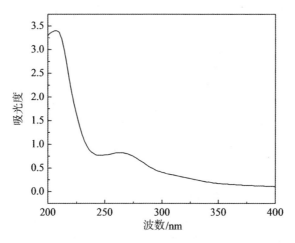

图 3.11　胞外生物高聚物 PFC02 水溶液的紫外光谱图

3. 红外光谱分析

胞外生物高聚物 PFC02 红外谱图如图 3.12 所示。高聚物 PFC02 主要的吸收谱带归属如下[191,192]：3264/cm 附近范围强宽谱峰为缔合的来自

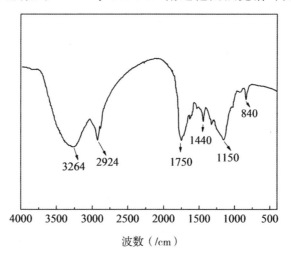

图 3.12　胞外生物高聚物 PFC02 的红外光谱图

O-H的伸缩振动，是 O-H 和 N-H 键伸展振动吸收。2924/cm 处的峰为 CH$_2$的碳氢反对称伸缩振动峰。1750/cm 处吸收峰为羧酸脂类化合物及酮类化合物中羰基的 C=O 伸缩振动。1440/cm 处是羧酸根离子（COO$^-$）的特征吸收峰，是由于羧酸中 C-O 伸缩振动引起的。1150/cm 是 -OH 的伸缩振动。891/cm 处有一弱小的吸收峰，显示高聚物 PFC02 中有磺酸基的存在。

3.4　本章小结

Pseudomonas fluorescens C-2 产生高絮凝活性胞外生物高聚物的最佳培养条件为：糖蜜废水浓度 10000 mg/L（以 COD$_{Cr}$表示），培养基初始 pH 值 7.0，接种量 2.5 mL/50mL），培养温度 30 ℃，摇床转速 150 rpm。首次证实糖蜜废水完全可以取代葡萄糖作为 *Pseudomonas fluorescens* C-2 产生高絮凝活性胞外生物高聚物 PFC02 的碳源和能源，实现废物的资源化利用。

通过呈色反应、硅胶薄层色谱分析、紫外光谱分析和红外光谱分析发现所制备的胞外生物高聚物 PFC02 主要絮凝活性成分是多糖。SEM 表征发现 PFC02 的表面粗糙、凹凸不平并具有多孔结构，具有较大的比表面积，多孔结构为吸附提供了良好的空间结构。

第 4 章

胞外生物高聚物 PFC02
对 Cd(Ⅱ)∕ Ni(Ⅱ) 的吸附性能研究

4.1 胞外生物高聚物 PFC02
对 Cd(Ⅱ)的吸附行为及应用研究

4.1.1 引言

工业生产中大量使用的重金属引起了严重的重金属污染，对人类和环境造成了严重危害。常用的一些分离/富集水体中重金属离子的方法，如离子交换、化学沉淀法、膜方法(反渗透、电渗析、超滤)、活性炭吸附等，由于成本比较高、低浓度条件下去除效果差、易产生二次污染等原因，其应用受到限制[193~196]。因此，需要寻找新的方法。生物吸附法作为一种替代方法，具有成本低廉、高效等优点，越来越受到人们的重视。常用的生物吸附材料包括细菌、真菌、藻类等。很多学者对它们在重金属离子吸附过程中所起的作用以及相关机理都进行了研究，取得了很多成果[197,198]。然而，胞外生物高聚物作为生物吸附材料分离/富集金属污染物的研究却不是很多，胞外生物高聚物主要有多糖、蛋白质、脂类和氨基酸等物质组成，这些物质中含有能和金属离子发生反应的各种带负电的活性基团如氨基、酰氨基、羧基、羟基、磷酰基和硫酸盐等，其分子内含有的 N、P、S 和 O 等电负性较大的原子或基团，能与金属离子发生螯合或络合作用，使溶液中金属离子被吸附。

本章研究了 Cd(Ⅱ)在胞外生物高聚物 PFC02 上的生物吸附，包括初始 pH 值、吸附平衡时间、初始浓度、吸附剂剂量等对生物吸附的影响，分析了生物吸附动力学及吸附等温方程，并借助傅里叶变换红外光谱(FTIR)和带能谱的扫描电镜(SEM-EDX)等方法对 Cd(Ⅱ)与胞外生物高聚物 PFC02 的相互作用机制进行了探讨。

4.1.2 材料与方法

4.1.2.1 仪器与试剂

1. 实验仪器

本实验用到的主要仪器如下：

（1）TAS-986 型原子吸收分光光度计(北京普析通用仪器有限责任公司)。

（2）镉空心阴极灯。

（3）WQF-400N 傅立叶变换近红外光谱仪（Thermo Electron Corporation）。

（4）S-4800 场发射扫描电子显微镜(Hitachi High，Japan)，

（5）X 射线能量色散分析仪(EDX，USA)。

（6）pHS-3C 型酸度计(上海理达仪器厂)。

（7）高速冷冻离心机(Eppendorf)。

（8）DHG-9140A 型电热恒温鼓风干燥箱(上海一恒科学仪器有限公司)。

（9）SHZ-D(Ⅲ) 循环水式真空泵(巩义市英峪予华仪厂)。

（10）BS124S 电子天平(北京赛多利斯仪器系统有限公司)。

2. 实验试剂

本实验用到的主要试剂如下：

(1)硫酸镉(分析纯，中国医药上海化学试剂公司)。

(2)氢氧化钠(分析纯，上海化学试剂有限公司)。

(3)氨水(分析纯，上海化学试剂有限公司)。

(4)硝酸(分析纯，国药集团上海化学试剂有限公司)。

(5)盐酸(分析纯，国药集团上海化学试剂有限公司)。

(6)硫酸(分析纯，国药集团上海化学试剂有限公司)。

(7)二次石英蒸馏水。

(8)胞外生物高聚物 PFC02(自制)。

Cd(Ⅱ)的标准溶液(储备)的配制方法：准确称取 0.5726 g 3CdSO$_4$·8H$_2$O 于小烧杯中，加入少量水溶解，加入 1：1 硫酸 2 mL，搅拌均匀，转入至 250 mL 容量瓶中，定容至刻度，此溶液中含 Cd(Ⅱ) 为 1.0 mg/mL。工作溶液由标准溶液分别稀释得到。

4.1.2.2　仪器测定条件

火焰原子吸收法测定的工作条件如下：

(1)分析线波长，228.8 nm。

（2）灯电流，2.0 mA。

（3）燃烧器高度，4.0 mm。

（4）光谱带宽，0.4 nm。

（5）燃气流量，1200 mL/min。

（6）燃烧器位置，1.0 mm。

4.1.2.3 吸附实验

取 50 mL 200 mg/L 的 Cd（Ⅱ）溶液于 250 mL 锥形瓶中进行单因素实验，调节所需 pH 值后，加入定量 PFC02，以 120 rpm 的速度置于恒温摇床振荡，定时取出样品用 0.45 μm 的醋酸纤维膜过滤，并用火焰原子吸收分光光度计测定滤出液的 Cd（Ⅱ）含量。同时以蒸馏水代替 PFC02 做空白。各实验均采用双平行实验，数据取平均值。吸附率（$E\%$）和负载量（q，mg/g）根据下式计算。

$$E\% = [(C_0 - C_e)/C_0] \times 100\% \qquad (4.1)$$

$$q = [(C_0 - C_e)V]/W \qquad (4.2)$$

式中：

C_0——Cd（Ⅱ）的初始浓度，mg/L；

C_e——Cd（Ⅱ）平衡时的浓度，mg/L；

V——溶液体积，L；

W——吸附剂的剂量，g。

4.1.2.4 解吸和再生实验

解吸附 Cd（Ⅱ）所用的解吸剂为：1.0 moL/L HNO$_3$。将吸附完全的胞外生物高聚物 PFC02 加入到一定量解吸剂中，在室温下搅拌 3 h。解吸效率可通过解吸剂中解吸出的 Cd（Ⅱ）的量确定。为了测定 PFC02 的再吸附能力，在同样的条件下将吸附和解吸的实验重复四次。

4.1.2.5 红外光谱分析

将吸附前后的 PFC02 冻干，分别称取 1 mg 上述 EPS 样品与 200 mg 光谱纯 KBr 充分混匀，压片后测定红外吸收光谱图，波数范围为 4000～400/cm。

4.1.2.6 SEM-EDX 分析

将吸附前后的 PFC02 冻干，采用导电胶粘附形式进行 SEM-EDX 的测量检测。

4.1.3 结果与讨论

4.1.3.1 影响吸附效率的因素

1. 溶液初始 pH 值

不同溶液初始 pH 值下胞外生物高聚物 PFC02 对 Cd(Ⅱ) 的吸附效果如图 4.1 所示。

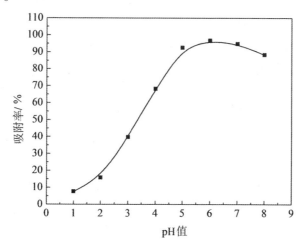

图 4.1　pH 值对 Cd(Ⅱ) 吸附率的影响

（溶液体积 50 mL；溶液初始浓度 200 mg/L；

吸附剂剂量 0.25 g；温度 25 ℃；摇床转速 120 rpm；吸附时间 120 min）

由图 4.1 可知，当 pH 值为 6.0 时，高聚物 PFC02 对 Cd(Ⅱ) 的吸附效果最好，吸附率为 96.75%。

对大多数生物吸附过程而言，pH 值直接影响着金属离子的溶解度和胞外生物高聚物中各种化学基团的离子化程度[199]。pH 值较低时，高聚物 PFC02 表面基团所提供的吸附活性位点被氢离子或水合氢离子占据，同时由于同电荷的斥力作用阻碍金属离子对 PFC02 的靠近，使得生物高聚物

PFC02的吸附能力较弱。随着pH值增大，胞外高聚物会暴露出更多的吸附基团，从而有利于镉离子接近胞外高聚物PFC02并最终吸附在其表面上。pH值继续增大，当溶液的pH值超过镉离子微沉淀的上限时，在溶液中的大量镉离子会以氢氧化物的形式存在，从而影响PFC02对Cd(Ⅱ)的吸附量。

2. 胞外高聚物PFC02投加量

胞外生物高聚物PFC02投加量对PFC02吸附Cd(Ⅱ)的影响如图4.2所示。可以看出，PFC02投加量对Cd(Ⅱ)的吸附有较大的影响。随着投加量的增大，PFC02对Cd(Ⅱ)的平衡吸附量逐渐减少，PFC02对Cd(Ⅱ)的吸附率逐渐增大。在一定浓度的金属离子溶液中，较低的吸附剂投加量，会有较高的吸附容量(在1.00 g/L PFC02时，q_e = 32.40mg/g)，而较高的吸附剂投加量却导致较低的吸附容量(在10.00 g/L PFC02时，q_e = 17.04mg/g)。这是因为PFC02的用量越少，单位质量PFC02所包围的金属离子就越多，金属离子就越容易与吸附剂上的活性位点结合而被吸附，吸附容量就越高。然而PFC02的适量增加有助于Cd(Ⅱ)吸附率的提高，综合考虑，PFC02的投加量定为5.00 g/L。

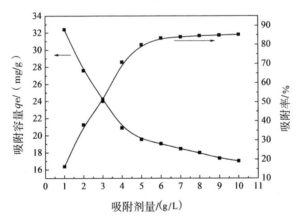

图4.2 胞外生物高聚物PFC02用量对镉吸附容量吸附率的影响

3. 吸附时间的影响

不同Cd(Ⅱ)初始浓度下，吸附时间对Cd(Ⅱ)的吸附率的影响如图4.3所示。Cd(Ⅱ)的生物吸附分为两阶段：快速阶段和动态平衡阶段。在初始30 min内，随着吸附时间的延续，胞外生物高聚物PFC02对Cd(Ⅱ)

的吸附量快速增加，之后，吸附量逐渐趋于动态平衡，胞外高聚物 PFC02
是负电性的生物高分子，初始阶段 Cd(Ⅱ) 的吸附是静电力吸引和胞外生
物高聚物表面活性基团(吸附点)的结合两种吸附作用共同作用的结果。
30 min以后，两种吸附作用达到平衡，进入吸附动态平衡阶段。

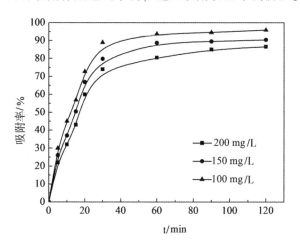

图 4.3　胞外生物高聚物 PFC02 对镉的吸附动力学曲线

4.1.3.2 吸附动力学

动力学模型通常用于研究吸附过程中速率的变化，并确定吸附的限速
步骤。本研究采用准一级动力学模型、准二级动力学模型和分子内扩散模
型对试验数据进行模拟。准一级动力学模型、准二级动力学模型和分子内
扩散模型的线性表达式分别为[200]：

$$\log(q_e - q_t) = \log q_e - \frac{k_1}{2.303}t \tag{4.3}$$

$$\frac{t}{q_t} = \frac{1}{k_2 q_e^{\ 2}} + \frac{t}{q_e} \tag{4.4}$$

$$q_t = k_p t^{0.5} + C \tag{4.5}$$

式中：

q_e——最大吸附量，mg/g；

q_t——t 时刻吸附量，mg/g；

k_1——一级吸附速率常数，/min；

k_2——二级吸附速率常数，g/(mg·min)；

k_p——内部扩散速度常数，mg/(g·min$^{0.5}$)；

C——表示吸附剂周围边界层对吸附过程的影响，C 值越大，边界层对吸附的影响越大[201]。

根据图 4.3 数据，分别以 log(q_e−q_t)～t、t/q_t～t 和 q_t～$t^{0.5}$作图，进行线性拟合，分别如图 4.4、图 4.5 和图 4.6 所示。

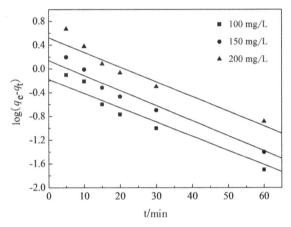

图 4.4　不同初始浓度下胞外生物高聚物 PFC02 吸附 Cd(Ⅱ)的一级动力学曲线

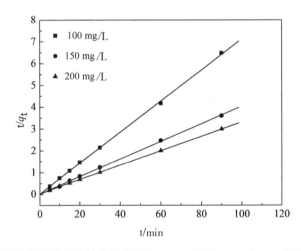

图 4.5　不同初始浓度下胞外生物高聚物 PFC02 吸附 Cd(Ⅱ)的二级动力学曲线

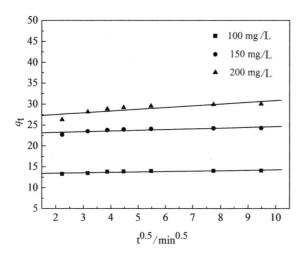

图 4.6　不同初始浓度下胞外生物高聚物 PFC02 吸附 Cd(Ⅱ)的内扩散动力学曲线

不同初始浓度下的拟合结果见表 4.1。

表 4.1　不同初始浓度下 PFC02 吸附 Cd(Ⅱ)动力学模型的参数

模型	参数	初始浓度/(mg/L)		
		100	150	200
	$q_{m,exp}/(mg/g)$	14.08	24.29	30.05
一级动力学模型	$q_{e1,cal}/(mg/g)$	4.22	3.58	5.93
	$k_1/(/min)$	0.065	0.064	0.061
	R^2	0.957	0.965	0.934
	$q_{e2,cal}(mg/g)$	14.06	24.81	30.39
二级动力学模型	$k_2/[mg/(g \cdot min^{0.5})]$	0.302	0.097	0.034
	R^2	0.999	0.999	0.999
	R^2	0.701	0.675	0.692
内扩散模型	$k_p/[mg/(g \cdot min^{0.5})]$	0.099	0.173	0.418
	C	13.289	22.901	26.680

结果表明，Cd(Ⅱ)在胞外生物高聚物 PFC02 上的吸附动力学符合准二级动力学方程(R^2均大于 0.999)。根据二级动力学方程建立的机理，可

以推测符合二级动力学方程的吸附时间内，限速步骤是化学吸附过程。该过程可能与吸附剂及金属离子之间电子共享或电子交换的共价力有关[202]。表4.1中的截距 C 值随 Cd(Ⅱ)初始浓度增大而增大，表明胞外高聚物 PFC02 对 Cd(Ⅱ)的吸附过程中，液相边界层的影响随浓度增大逐渐增大。另外，表4.1中胞外生物高聚物 PFC02 内扩散系数 k_p 的值随着 Cd(Ⅱ)初始浓度的增大逐渐增大，表明 Cd(Ⅱ)初始浓度越大 Cd(Ⅱ)在高聚物 PFC02 内部越易扩散，原因可能是 Cd(Ⅱ)浓度越大浓度梯度引起的推动力越大[203]。

4.1.3.3 吸附等温线

在一系列 150 mL 锥形瓶中分别加入浓度为：5 mg/L、10 mg/L、30 mg/L、50 mg/L、100 mg/L、150 mg/L、200 mg/L、250 mg/L、300 mg/L、350 mg/L、400 mg/L 的 Cd(Ⅱ)，调节 pH 值为 6.0，分别在 25 ℃、35 ℃ 和 45 ℃ 下按实验方法进行吸附实验，根据式(4.2)计算其吸附容量 q(mg/g)。由图 4.7 可以看出，吸附等温线在开始阶段都有较大的斜率，表明胞外生物高聚物 PFC02 对 Cd(Ⅱ)有很强的吸附亲和力。图 4.7 中单位高聚物 PFC02 的吸附量随着溶液初始浓度的增加而增加，表明此阶段 PFC02 上的吸附位点未处于饱和状态，随着离子浓度的增加静电引力也逐渐增加[204]，离子易占据吸附点位；当溶液浓度大到一定程度时，离子间的斥力占主导作用，吸附位点趋于饱和，吸附量的增加就会越来越小，在曲线上的表现就是斜率越来越小。

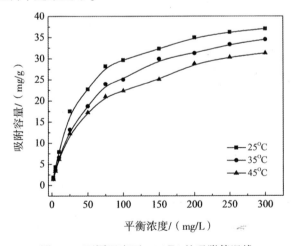

图 4.7　不同温度下 Cd(Ⅱ)的吸附等温线

对于固液体系的吸附行为，常用 Langmuir、Freundlich 和 Dubinin-Radushkevich 吸附等温方程式来描述[205]。Langmuir 吸附等温方程式可表示为：

$$\frac{C_e}{q_e} = \frac{1}{q_m K_L} + \frac{C_e}{q_m}$$ （4.6）

式中：

q_e——平衡吸附量，mg/g；

q_m——理论最大吸附量，mg/g；

C_e——吸附平衡时的溶液浓度，mg/L；

K_L——与吸附能有关的常数，L/mg。

Freundlich 吸附等温式可表示为：

$$\ln q_e = 1/n(\ln C_e) + \ln K_f$$ （4.7）

式中：

q_e——平衡吸附量，mg/g；

K_f——与吸附能力有关的常数，g/L；

n——与温度有关的常数，当 n 在 1～10 之间时易于吸附[206]。

Dubinin-Radushkevich 吸附等温式可表示为：

$$\ln q_e = \ln q_m - K\varepsilon^2$$
$$\varepsilon = RT \ln(1 + 1/C_e)$$
$$E = (2K)^{-1/2}$$ （4.8）

式中：

q_e——平衡时的吸附容量，mg/g；

q_m——饱和吸附容量，mg/g；

C_c——被吸附物质的平衡浓度，mg/L；

R——理想气体常数，8.314J/(mol·K)；

T——热力学温度，K；

E——平均吸附能，kJ/mol；

K——与能量有关的常数，mol²/kJ²。

q_m 和 K_L 值可以由 $1/q_{eq} \sim 1/C_{eq}$ 图的拟合直线方程得到；系数 n 和 K_f 可以由 $\ln q_{eq} \sim \ln C_{eq}$ 图的拟合直线方程得到；Dubinin-Radushkevich 等温式中 q_m 和 K 由 $\ln q_e \sim \varepsilon^2$ 图的拟合直线方程得到。根据图 4.7 中数据，分别用方

程式拟合所得参数见表4.2。

表 4.2　不同吸附模型拟合 PFC02 对 Cd(Ⅱ) 吸附的热力学参数

模型	参数	温度		
		25℃	35℃	45℃
	$q_{m,exp}$/(mg/g)	37.17	34.48	31.25
Langmuir	$q_{m,cal}$/(mg/g)	40.16	37.17	32.57
	K_L/(L/mg)	0.0244	0.0213	0.0231
	R^2	0.995	0.997	0.999
Freundlich	K_f	1.872	1.411	1.348
	n	2.726	2.640	2.667
	R^2	0.912	0.933	0.956
Dubinin-Radushkevich	$q_{m,cal}$/(mg/g)	36.24	32.55	29.42
	$K×10^4$/(mol²/kJ²)	7.0	9.0	12.0
	E/(kJ/mol)	26.72	23.79	20.40
	R^2	0.967	0.987	0.961

由表4.2可看出，本研究中，Langmuir 模型拟合的 R^2 分别大于 0.99。且最大吸附容量理论值 $q_{m,cal}$ 与实验值 $q_{m,exp}$ 较为相近，据此推断，胞外高聚物 PFC02 对 Cd(Ⅱ) 的吸附平衡能较好地用 Langmuir 模型来描述。吸附是否趋向于有利吸附平衡可由分离因子 R_L 值 [式(4.9)] 来判断。$R_L>1$ 为不利吸附(Unfavorable Adsorption)，$R_L=1$ 为线性吸附(Linear Adsorption)，$0<R_L<1$ 为有利吸附 (Favorable Adsorption)，$R_L=0$ 为不可逆吸附(Irreversible Adsorption)[207]。

$$R_L = \frac{1}{1 + K_L C_{max}} \qquad (4.9)$$

式中：

C_{max}——Cd(Ⅱ)离子的初始浓度，mg/L；

K_L——Langmuir 吸附等温常数。

在本实验条件下 Cd(Ⅱ)初始浓度为 5~400 mg/L，R_L值为 0.093~0.804。因此，胞外生物高聚物 PFC02 有利于吸附 Cd(Ⅱ)。因此，PFC02 对 Cd(Ⅱ)的吸附主要是单分子层吸附[208,209]。在 25 ℃时计算得到的最大单分子层吸附量为 40.16 mg/g。由表4.2还可看出，Cd(Ⅱ)的最大吸附容量

q_{max} 随着温度的升高而减少，据此可判断 PFC02 对 Cd(Ⅱ)的吸附过程是自发的放热过程。

　　此外，由 Freundlich 模型拟合得到的 n 值大于 1，说明在研究范围内均为优惠吸附过程[210]。平均吸附能 E 代表从溶液中吸附 1mol 的溶质需要的能量，$E<8$ kJ/mol 表示吸附主要是物理过程，E 在 8 ~ 16 kJ/mol 时吸附主要是离子交换[211]。从表 4.2 可看出，高聚物 PFC02 对 Cd(Ⅱ)的平均吸附能在 20.40 ~ 26.72kJ/mol 之间，可见 PFC02 在吸附 Cd(Ⅱ)过程中，物理吸附或离子交换并不是其主要吸附作用。

4.1.3.4　吸附机理探讨

1. SEM-EDX 分析

　　胞外生物高聚物 PFC02 吸附 Cd(Ⅱ)前后的 SEM 照片如图 4.8(a)和(b)所示。

(a)吸附前

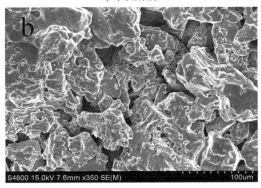

(b)吸附后

图 4.8　胞外生物高聚物 PFC02 吸附 Cd(Ⅱ)前后的扫描电镜图

由图 4.8(a)可以看出 PFC02 表面粗糙、凹凸不平并具有多孔结构，具有较大的比表面积，这些多孔结构为吸附提供了良好的空间结构。由图 4.8(b)可以看出吸附 Cd(Ⅱ)离子后的生物高聚物 PFC02 表面孔隙被填充，并出现结晶，颗粒大小约 200 nm。推测在 PFC02 表面具有能与镉形成晶体的大分子物质，吸附镉时，这些大分子物质与镉螯合，形成许多有机镉晶体，使代谢产物表面颗粒的空间构型发生变化。

对比胞外生物高聚物 PFC02 吸附 Cd(Ⅱ)前后的 EDX 能谱图 4.9(a)和图 4.9(b)可以看出，除了 C、O 之外，Na、P、S、Cl 和 K 是胞外生物高

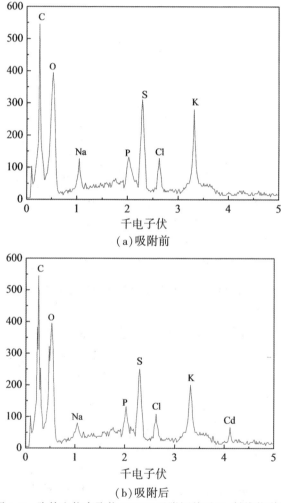

(a)吸附前

(b)吸附后

图 4.9　胞外生物高聚物 PFC02 吸附镉前后 X-射线能谱图

聚物 PFC02 的主要元素，当高聚物 PFC02 与 Cd(Ⅱ)作用后，原高聚物中 K 和 Na 元素峰减弱，同时在 4.25 keV 处出现了 Cd 元素峰，这表明 Cd (Ⅱ)与高聚物中 K^+ 和 Na^+ 之间存在着离子交换作用。

2. FTIR 分析

吸附 Cd(Ⅱ)前后的胞外生物高聚物 PFC02 的红外光谱图如图 4.10 所示。

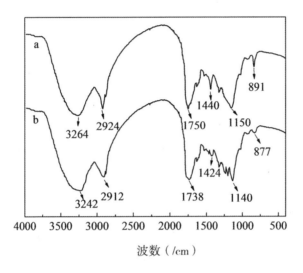

波数（/cm）

图 4.10　胞外生物高聚物 PFC02 吸附镉前后的红外光谱图

由图 4.10 的 b 曲线可以看出，胞外生物高聚物 PFC02 吸附 Cd(Ⅱ) 后，3264/cm 处的 N–H 羟基或氨基的伸缩振动峰移至 3242/cm 处。说明羟基、氨基在 PFC02 吸附重金属离子过程中发挥了作用。吸附 Cd(Ⅱ)后 2924/cm 处的吸收峰向低波数偏移 12/cm 且峰强明显降低；1750/cm 处的 C =O 伸缩振动峰向低波数发生 12/cm 的漂移；高聚物 PFC02 吸附 Cd(Ⅱ) 后羧基的 C–O 伸缩振动峰发生位移，由 1440/cm 移至 1424/cm，强度明显减弱，该现象由于金属离子和羧基的络合作用而引起，在相关文献中有过类似报道[212,213]。分析结果表明胞外生物高聚物 PFC02 在吸附 Cd(Ⅱ)离子过程中，羟基、氨基和羧基是与镉离子发生络合作用的主要官能团。

4.1.3.5 PFC02 的再生性能

将饱和的 PFC02 浸泡在浓度为 1.0 mol/L 的盐酸中 24 h，进行吸附剂的再生实验。由于在表面氢离子浓度高，H⁺具有竞争吸附优势，可以将吸附剂 PFC02 上的 Cd(Ⅱ)洗脱下来。用 DDW 和 0.1 mol/L 氨水多次冲洗至中性，110 ℃真空干燥、备用。重复吸附实验和再生实验 4 次，实验结果见表 4.3。

表 4.3 胞外生物高聚物 PFC02 的再生性能

再生次数	0	1	2	3	4
吸附容量 q /(mg/g)	40.16	39.56	38.19	37.23	36.61

表 4.3 表明，多次再生后的胞外生物高聚物 PFC02 的饱和吸附容量变化不明显，表明 PFC02 具有良好的再生能力，是一种可重复使用的良好的生物吸附剂。

4.1.3.6 工作曲线、方法的检出限和精密度

经考查，Cd(Ⅱ)的浓度在 0.1～0.8 μg/mL 范围内线性良好，线性方程为 $Y = 0.3589X - 0.0027$，相关系数 $r = 0.99995$。根据 IUPAC 定义，对空白溶液连续测得 7 次，测得本法对 Cd(Ⅱ)的检出限(3σ)为 2.9 ng/L；相对标准偏差为 2.7%($X = 0.4$ μg/mL，$n = 7$)。

4.1.3.7 分析应用

取水样，按常规方法预处理，定容，备测。在一系列 50 mL 比色管中分别加入一定量的处理过的水样，调节 pH 值至 6.0，按照实验方法进行吸附和解吸实验，同时做空白实验和加标回收实验，解吸液用火焰原子吸收法测定 Cd(Ⅱ)的浓度，计算水样中 Cd(Ⅱ)的含量和加标回收。实测了玉带河水和运河水中 Cd(Ⅱ)的含量，测量结果见表 4.4。对同一样品按实验方法平行 5 次，所得结果的重现性较好，相对标准偏差为 1.6%～2.5%，加标回收率为 96.62%～102.50%。

表 4.4 水样中 Cd 的测定及加标回收实验($n = 5$)

样品	测得值 /(μg/L)	RSD/%	加标量/(μg/L)	测得总量/(μg/L)	回收率/%
玉带河水	3.27	1.6	2.00	5.25	96.62

续表

样品	测得值/(μg/L)	RSD/%	加标量/(μg/L)	测得总量/(μg/L)	回收率/%
		1.9	5.00	8.31	98.55
运河水	5.65	2.5	2.00	7.64	97.02
		2.1	5.00	10.69	102.50

4.2　胞外生物高聚物 PFC02 对 Ni(Ⅱ) 的吸附行为及应用研究

4.2.1 引言

镍是分布在地壳中的稀有金属元素之一，用途很广，在自然界中存在的形式有 0、−1、+1、+2、+3 和+4 价，其中以+2 价最稳定。它是植物、人和动物必需的一种营养微量元素。然而镍也是一种致癌很强的元素，因此，镍是国家天然矿泉水卫生标准中的重要指标。镍在自然环境中多数以微量形式存在，不易对其直接测定，常需要进行分离/富集。目前对于重金属常用的分离/富集材料主要有螯合树脂、巯基棉、泡沫塑料、活性碳、海藻以及壳聚糖等，但这些材料都存在成本高、会产生二次污染等不足，其应用受到限制。因此研究新型的分离/富集材料是环境工作者面临的新课题[214]。

胞外生物高聚物是由微生物产生的生物高分子物质，主要成分有糖蛋白、胞外多糖、蛋白质、纤维素和核酸等。胞外生物高聚物中存在着大量阴离子活性基团(羧基、羟基、氨基及磺酸基等)，对不同类型金属离子表现出强烈的亲和性。由于此材料在环境中易于降解且对人体无害等优点而备受瞩目。Zhang[86]等将 Bacillus sp. F19 产生的胞外高聚物 MBFF19 作为生物吸附剂用于吸附水溶液中 Cu(Ⅱ) 离子。最大单分子层吸附量为 89.62 mg/g;Zhou[87]等将 SM-A87 产生的胞外高聚物 SM-A87EPS 作为生物吸附剂进行富集/分离水溶液中的 Cu(Ⅱ)、Cd(Ⅱ)，最大吸附量分别为 48.00 mg/g 和 39.75 mg/g。Stephen Inbaraj[88]等将胞外高聚物γ-PGA用于富集/分离水溶液中的 Hg(Ⅱ)，在初始 pH 值为 6.0 时，对 80 mg/L Hg (Ⅱ) 5 min 内有 90% 的吸附率。这些研究成果显现了胞外生物高聚物作为环境友好型重金属吸附剂的应用前景。本研究以胞外生物高聚物 PFC02 作为镍离子的生物吸附剂，对吸附平衡、吸附动力学特性、吸附等温线以及一些吸附的影响因素(吸附体系初始 pH 值、吸附剂浓度和温度)进行了探讨，并借助于 FTIR 和 SEN-EDX 等表征手段对其吸附机理进行了研究。

4.2.2 实验方法

4.2.2.1 仪器与试剂

1. 实验仪器

本实验用到的主要仪器如下：

(1) WQF-400N 傅立叶变换近红外光谱仪(Thermo Electron Corporation)。

(2) S-4800 场发射扫描电子显微镜(Hitachi High，Japan)。

(3) X 射线能量色散分析仪(EDX，USA)。

(4) pHS-3C 型酸度计(上海理达仪器厂)。

(5) 高速冷冻离心机(Eppendorf)。

(6) DHG-9140A 型电热恒温鼓风干燥箱(上海一恒科学仪器有限公司)。

(7) SHZ-D(Ⅲ) 循环水式真空泵(巩义市英峪予华仪厂)。

(8) BS124S 电子天平(北京赛多利斯仪器系统有限公司)。

(9) Vista MPX 等离子体发射光谱仪(美国瓦里安公司)。

2. 实验试剂

本实验用到的主要试剂如下：

(1) 硝酸镍(分析纯，中国医药上海化学试剂公司)。

(2) 氢氧化钠(分析纯，上海化学试剂有限公司)。

(3) 氨水(分析纯，上海化学试剂有限公司)。

(4) 硝酸(分析纯，国药集团上海化学试剂有限公司)。

(5) 盐酸(分析纯，国药集团上海化学试剂有限公司)。

(6)硫酸(分析纯，国药集团上海化学试剂有限公司)。

(7)二次石英蒸馏水。

Ni(Ⅱ)标准溶液的配制方法：准确称取 1.2386g Ni(NO$_3$)$_2$·6H$_2$O 于 100mL 小烧杯中，加少量蒸馏水溶解，再加入 1:1 HNO$_3$ 溶液 2 mL，搅拌均匀，移入 250mL 容量瓶中，以蒸馏水定容至刻度，该溶液中含 Ni(Ⅱ) 为 1.0 mg/mL。

4.2.2.2　仪器工作条件

ICP-AES 工作条件见表4.5。

表 4.5　ICP-AES 的工作条件

元素	波长 /nm	RF 发生器功率 /kW	等离子气流量 /(L/min)	辅助气流量 /(L/min)	雾化气压力 /kPa
Ni	231.604	1.00	15.0	1.50	200

4.2.2.3 吸附试验

取 100 mL 100 mg/L 的 Ni(Ⅱ)溶液于 250 mL 锥形瓶中进行单因素实验，调节 pH 值后，加入 3.0 g/L 胞外生物高聚物 PFC02，28 ℃ 时以 150 rpm 的速度置于恒温摇床振荡，2 h 后取出用 0.45 μm 的醋酸纤维膜过滤，并用 ICP-AES 测定滤出液的 Ni(Ⅱ)含量，同时以蒸馏水代替 EPS 做空白。各实验均采用双平行实验，数据取平均值。吸附率($E\%$)和负载量 q (mg/g) 根据式(4.1)和(4.2)计算。

4.2.3 结果与讨论

4.2.3.1 吸附机理探讨

1. SEM 分析

从胞外生物高聚物 PFC02 吸附 Ni(Ⅱ)前后的扫描电镜图可以看出，吸附 Ni(Ⅱ)离子后的生物高聚物 PFC02 表面孔隙被填充，同时在高聚物表面发现了晶体状物质的存在，如图 4.11 所示。可以推断镍离子和胞外生物高聚物 PFC02 发生相互作用生成晶体状微沉淀，还存在有生物高聚物 PFC02 表面的活性基团氨基、羟基和羧基与 Ni(Ⅱ)离子发生络合形成络合物或螯合物。

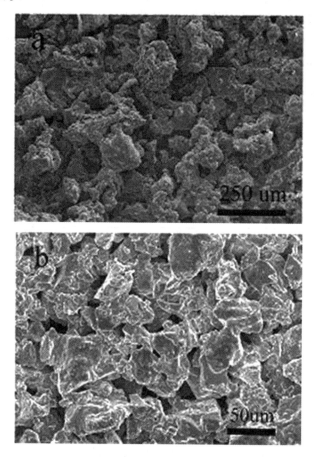

图 4.11　胞外生物高聚物 PFC02 吸附 Ni(Ⅱ)前后的扫描电镜图

2. FTIR 分析

　　胞外生物高聚物 PFC02 吸附 Ni(Ⅱ)前后的红外图谱如图 4.12 所示。在胞外生物高聚物 PFC02 吸附 Ni(Ⅱ)后，缔合—OH 和—NH 的特征吸收峰在 Ni(Ⅱ)作用下从 3264/cm 偏移到 3239/cm；2924/cm 处的峰为 CH_2 的碳氢反对称伸缩振动峰，吸附镍离子后，该特征峰漂移到 2909/cm 并且峰强变弱；1440/cm 处的特征峰为羧基峰，吸附镍离子后，该特征峰漂移到 1422/cm 并且峰强变弱；1200～1000/cm 处比较大的吸收峰是由两种 C-O

引起的，其中一种是 C-O-H 的变形振动，另一种是糖环的 C-O-C 伸缩振动[215]，吸附镍离子后，这些特征峰发生了漂移。以上分析可以看出，在吸附过程中胞外生物高聚物 PFC02 表面含氧含氮基团起了重要的作用。它们以络合或者螯合的方式将镍离子吸附在生物高聚物 PFC02 表面。

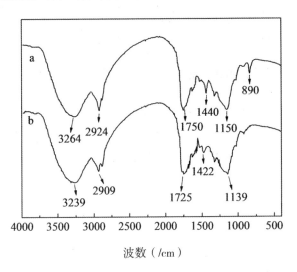

波数（／cm）

图 4.12　胞外生物高聚物 PFC02 吸附镍前后的红外光谱图

4.2.3.2 吸附时间和初始浓度对吸附的影响

接触时间以及不同镍离子初始浓度(50 mg/L 和 100 mg/L)对胞外生物高聚物 PFC02 吸附镍的影响如图 4.13 所示。

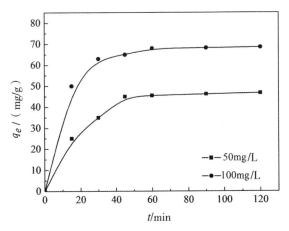

图 4.13　吸附时间和初始浓度对吸附的影响

由图4.13可知，胞外生物高聚物PFC02对镍离子的吸附过程大致分3个阶段：快速吸附、慢速吸附和吸附动态平衡阶段。在初始0～15 min内，随着吸附时间的延长，生物高聚物PFC02对镍离子的吸附量快速增加；在15～60 min内，初始浓度为50 mg/L和100 mg/L的吸附量分别达到35.25mg/g和63.56mg/g，当达到120 min时，吸附量分别可以达到46.70mg/g和68.51mg/g，吸附达到饱和，即此时吸附逐渐达到动态平衡。

4.2.3.3 不同投加量对吸附的影响

配制一系列体积为50 mL含100 mg/L的Ni(Ⅱ)离子溶液，改变胞外生物高聚物PFC02的投加量，按实验方法，测定并计算不同用量的胞外生物高聚物PFC02吸附Ni(Ⅱ)离子的吸附量，结果如图4.14所示。

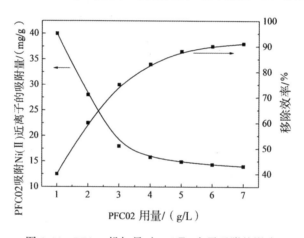

图4.14 PFC02投加量对Ni(Ⅱ)离子吸附的影响

(Ni(Ⅱ)初始浓度100 mg/L,pH值4.5,吸附时间90 min,摇床转速150 rpm,温度25 ℃)

由图4.14可知，单位质量生物高聚物PFC02对Ni(Ⅱ)离子的吸附量呈下降趋势。在投加量为1.0～3.0 g/L的范围内，吸附量从40.89mg/g下降为18.87mg/g，同时去除率由75.35 %增加至91.37 %。原因可以归结为两个方面：随着胞外生物高聚物PFC02投加量的逐渐增多，体系总质量增加使得活性吸附点处于不饱和状态的程度增加；同时生物高聚物PFC02质量增加且相互聚集，导致生物高聚物PFC02有效吸附表面积降低，从而使得吸附能力下降。Ni(Ⅱ)离子初始浓度一定时，适度增加生物高聚物PFC02投加量，即增加了吸附的总表面积，从而有利于提高平衡时的吸附去除率。综合考虑两方面的因素，本研究中生物高聚物 PFC02 吸附 Ni(Ⅱ)离子的用量定为 3.0 g/L。

4.2.3.4 pH 值对吸附的影响

pH 值不仅影响细胞表面金属吸附基团的带电性，也影响金属的水化性，从而影响金属的吸附。pH 值对 Ni(Ⅱ)吸附的影响如图 4.15 所示。

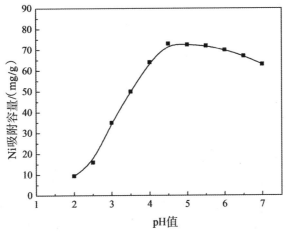

图 4.15　溶液 pH 值对 Ni(Ⅱ)离子吸附的影响

（Ni(Ⅱ)初始浓度 100 mg/L，3.0 g/L 投加量吸附时间 90 min，

摇床转速 150 rpm，温度 25 ℃）

一般认为，在酸度较高的情况下，高聚物的络合基团与水合氢离子表现出更大的亲和性，H⁺占据大量的吸附活性点，即溶液中大量的水合氢离子与 Ni(Ⅱ)发生竞争吸附，从而阻止金属离子与吸附活性位点的接触；并且当 pH 值很低时，使胞外高聚物表面的官能团活性位点质子化程度较高，增加高聚物表面的静电斥力，也在一定程度上影响了对金属离子的吸附。随着 pH 值的升高，并且超过胞外高聚物表面的等电点时，络合基团暴露出更多的带负电荷的位点，表现出与带正电荷的重金属离子的亲和性增强，高聚物对 Ni(Ⅱ)离子的吸附量增大，但是，当 pH 值过高并超过金属离子微沉淀的上限时，溶液中的大量金属离子会以不溶解的氧化物、氢氧化物微粒的形式存在，从而使吸附无法进行。

4.2.3.5 吸附动力学特性

在生物吸附动力学研究中，人们通常用一级和二级动力学方程对试验数据进行模拟，来分析金属离子浓度随吸附时间的变化关系[216~218]。准一级动力学方程和准二级动力学方程的线性表达式分别为：

$$\log(q_e - q_t) = \log q_e - \frac{k_1}{2.303}t \tag{4.10}$$

$$\frac{t}{q_t} = \frac{1}{k_2 q_e^2} + \frac{t}{q_e} \tag{4.11}$$

式中：

q_e——最大吸附量，mg/g；

q_t——t 时刻吸附量，mg/g；

k_1——一级吸附速率常数，g/(mg·min)；

k_2——二级吸附速率常数，g/(mg·min)。

利用上述两方程分别对试验数据(图 4.13)进行模拟，分别以 $\log(q_e - q_t) \sim t$ 和 $t/q_t \sim t$ 作图，进行线性拟合，分别如图 4.16 和图 4.17 所示。对不同初始浓度下的实验数据进行拟合，得到动力学方程参数见表 4.6。

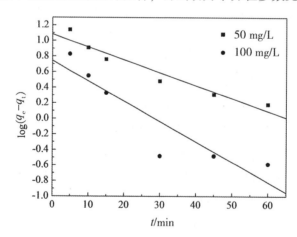

图 4.16　不同浓度下一级动力学模型线性拟合

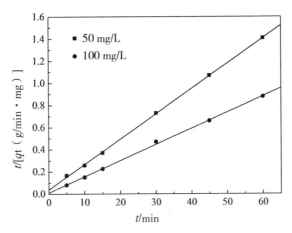

图 4.17　不同浓度下二级动力学模型线性拟合

表 4.6　不同起始浓度下 PFC02 吸附 Ni(Ⅱ) 动力学模型的参数

动力学模型	参数	50 mg/L	100 mg/L
	$q_{e\,exp}/(\mathrm{mg/g})$	44.13	68.51
一级动力学模型	$K_1/[\mathrm{g}/(\mathrm{mg \cdot min})]$	0.0453	0.079
	R^2	0.9424	0.8904
	$q_{e\,1\,cal}/(\mathrm{mg/g})$	23.59	57.76
二级动力学模型	$K_2/[\mathrm{g}/(\mathrm{mg \cdot min})]$	0.0138	0.0182
	R^2	0.999	0.999
	$q_{e\,2\,cal}/(\mathrm{mg/g})$	43.66	68.49

　　由表 4.6 中的数据可知，准二级动力学方程($R^2 = 0.999$)能更好地描述吸附过程，其理论平衡吸附量 $q_{e\,exp}$ 较准一级动力学方程所得的数值 $q_{e\,cal}$ 与实验数据更加吻合。该结果与众多关于重金属离子的生物吸附动力学的报道一致[219,220]。根据二级动力学方程建立的机理，可以推测符合二级动力学方程的吸附时间内，限速步骤是化学吸附过程，同时也表明通过胞外生物高聚物 PFC02 表面和 Ni(Ⅱ) 之间的电子转移和共享控制了这个化学吸附过程。

4.2.3.6 等温吸附特征

　　为了得到 Ni(Ⅱ) 在胞外生物高聚物 PFC02 上吸附平衡时的最大吸附

量，研究了溶液中 Ni（Ⅱ）平衡浓度与吸附量之间的关系，结果如图 4.18
所示。可以看出吸附量随溶液中 Ni（Ⅱ）浓度的增加而增加，当溶液中 Ni
（Ⅱ）浓度高达一定值时，吸附量基本保持不变。这可以解释为当胞外生物
高聚物 PFC02 浓度不变时，随着 Ni（Ⅱ）浓度的增加，高聚物 PFC02 表面
的吸附位逐渐被 Ni（Ⅱ）占据。

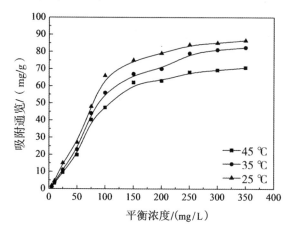

图 4.18　不同温度下 PFC02 对 Ni（Ⅱ）的吸附等温线

　　吸附等温模型通常就是对吸附剂的吸附量与被吸附金属的平衡浓度这
两种参数之间相关性的拟合。Freundlich 和 Langmuir 方程是两个经典的吸
附等温模型，本研究将所得数据用这两个等温模型对不同温度下胞外生物
高聚物 PFC02 吸附 Ni（Ⅱ）的数据进行拟合。

　　Langmuir 模型是一个理论吸附公式，它假定吸附过程为单层吸附；被
吸附物质的颗粒与水分子一样大且占据同样大小的吸附剂的表面；当吸附
剂表面被吸附物质占满后，达到吸附的最大量，吸附过程中能量不变。
Langmuir 吸附等温方程式可表示为：

$$\frac{C_e}{q_e} = \frac{1}{q_m K_L} + \frac{C_e}{q_m} \tag{4.12}$$

式中：

　　q_e——平衡吸附量，mg/g；

　　q_m——理论最大吸附量，mg/g；

　　C_e——吸附平衡时的溶液浓度，mg/L；

　　K_L——与吸附能有关的常数，L/mg。

Freundlich 吸附等温式可表示为:

$$\ln q_e = 1/n(\ln C_e) + \ln K_f \qquad (4.13)$$

式中:

q_e——平衡吸附量, mg/g;

K_f——与吸附能力有关的常数, g/L;

N——与温度有关的常数, 当 n 在 1 ~ 10 之间时易于吸附[206]。

分别以 $1/q_{eq} \sim 1/C_{eq}$ 和 $\ln q_{eq} \sim \ln C_{eq}$ 作图, 进行线性拟合, 分别如图 4.19 和图 4.20 所示, 拟合所得吸附等温参数见表 4.7。

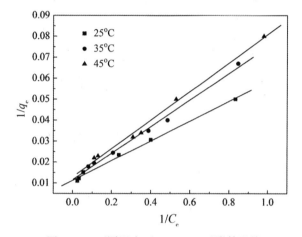

图 4.19　不同温度下 Langmuir 吸附等温线

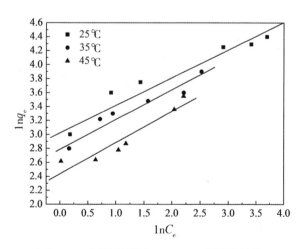

图 4.20　不同温度下 Freundlich 吸附等温线

表 4.7 不同温度下 PFC02 吸附 Ni(Ⅱ) 的等温线参数

等温模型	参数	25 ℃	35 ℃	45 ℃
	q_{max}(mg/g)	88.49	86.21	76.92
Langmuir	K_L	0.239	0.183	0.191
	R^2	0.995	0.992	0.993
	K_f	20.53	16.25	11.47
Freundlich	$1/n$	0.3958	0.4266	0.4465
	R^2	0.9046	0.9129	0.8989

由表 4.7 可看出，本研究中，Langmuir 模型拟合的 R^2 分别大于 0.99。据此推断，胞外高聚物 PFC02 对 Ni(Ⅱ) 的吸附能较好的遵循 Langmuir 吸附等温模型。25 ℃ 最大单分子层吸附容量为 88.49 mg/g。

4.2.3.7 Ni(Ⅱ) 吸附量与相关报道值的比较

对于同一种金属离子而言，影响吸附量大小的因素有很多，例如，吸附剂的类型、吸附剂的浓度、溶液的性质（如金属离子的初始浓度、溶液的 pH 值、是否存在其他金属离子等）以及操作条件，如振荡速率、操作温度等。不同条件下，金属离子在生物质上的吸附程度不同，对于不同文献中的数值，需要考虑进行吸附实验的具体操作条件。本研究给出了部分文献中 Ni(Ⅱ) 的吸附量值，见表 4.8。

表 4.8 Ni(Ⅱ) 吸附值及其与文献报道结果的比较

生物吸附材料	吸附容量/(mg/g)	pH 值	参考文献
Baker's yeast	11.40	6.7	[221]
Enteromorpha prolifera	65.70	4.3	[222]
Modified coir pith	38.90	3.9	[223]
Cone biomass of T. orientalis	12.42	4.0	[224]
Silica-gel-immobilizedP. vulgaris	98.01	5.0	[225]
Pseudomonas aeruginosa ASU 6a	113.6	7.0	[226]
Protonated rice ban	106.80	6.0	[227]

续表

生物吸附材料	吸附容量/(mg/g)	pH 值	参考文献
Thuja orientalis cones	12. 42	4. 0	[228]
PFC02 sorbent	88. 49	4. 5	本章研究结果

由表 4. 8 可以看出，Ni(Ⅱ)在各生物吸附进上的最大平衡吸附量介于 11. 40～113. 6 mg/g 之间，本研究所得的最大吸附量 88. 49 mg/g 在这个范围之间。

4.3　本章小结

本章采用胞外生物高聚物 PFC02 对溶液中的 Cd(Ⅱ)进行吸附试验，研究了吸附时间、生物高聚物 PFC02 用量和 pH 值等方面对其吸附规律的影响。结果表明，胞外生物高聚物 PFC02 能有效地富集/分离 Cd(Ⅱ)离子。Langmuir 等温方程和准二级动力学方程能较好地描述生物高聚物 PFC02 吸附 Cd(Ⅱ)的热力学及动力学过程，最大单分子层吸附量为 40. 16 mg/g。在优化的实验条件下，本法用于环境水样中 Cd(Ⅱ)的测定，相对标准偏差为 1. 6%～2. 5%，加标回收率为 96. 62%～102. 50%。

本章研究了胞外生物高聚物 PFC02 吸附 Ni(Ⅱ)的平衡、动力学特征。采用 Langmuir 和 Freundlich 等温线对静态吸附平衡数据进行了拟合，同时采用准一级动力学和准二级动力学模型对静态吸附动力学数据进行了拟合，结果表明，吸附动力学数据符合准二级动力学方程，限速步骤是化学吸附过程。平衡实验数据符合 Langmuir 等温吸附模型。平衡吸附量随着温度的升高而降低，表明 PFC02 吸附 Ni(Ⅱ)为放热过程，可以自发进行。在25 ℃时最大单分子层吸附量为 88. 49 mg/g。

运用 SEM-EDX 和 FTIR 等表征手段对胞外生物高聚物 PFC02 吸附 Cd(Ⅱ)和 Ni(Ⅱ)的吸附机理进行研究，结果表明，PFC02 对 Cd(Ⅱ)的吸附存在离子交换作用和 PFC02 中羟基、氨基、羧基等活性基团与 Cd(Ⅱ)离子的络合作用；PFC02 对 Ni(Ⅱ)的吸附机理是胞外生物高聚物对 Ni(Ⅱ)的微沉淀成晶作用以及 PFC02 有机官能团中的羟基、氨基、羧基和 C—O—C 与 Ni(Ⅱ)离子发生络合作用。

第 5 章

胞外生物高聚物 BC11 制备及成分分析

5.1 引言

微生物的营养物可为它们正常生命活动提供结构物质、能量和良好的生理环境。碳源在微生物体内通过一系列复杂化学变化合成细胞物质，并为机体提供生理活动所需要的能量。微生物可利用的碳源范围非常广泛。目前开发各种絮凝剂产生菌，在实验室中常以葡萄糖、果糖、蔗糖、淀粉等作为有机碳源。在微生物发酵工业中，常根据不同微生物的营养需要，利用各种农副产品如玉米粉、米糠、马铃薯、甘薯以及各种野生植物的淀粉，作为微生物生产廉价的碳源。凡能提供微生物生长繁殖所需氮元素的营养源，称为氮源。在实验室和发酵工业生产中，常以铵盐、牛肉膏、蛋白胨、酵母膏、鱼粉、豆饼粉和花生饼粉作为微生物的氮源。实验室中常常使用的有机碳源和有机氮源，存在培养基成本高的缺点，严重地限制了絮凝性胞外生物高聚物的实用性。因此要实现胞外高聚物絮凝剂从实验室的研究到实际工业中的应用，寻找、开发廉价的代用品作为絮凝剂产生菌的碳源、氮源及其他必需成分，以降低絮凝性胞外生物高聚物的生产成本，具有重要意义。另外，不同的菌株在不同培养基、不同 pH 值中产生胞外高聚物的能力不同。还有如水浴温度、摇床转速等多个因素也可能影响胞外生物高聚物的生成及胞外生物高聚物的活性。另外，为了深入研究胞外生物高聚物的物化性质，剖析其分子结构，得到较纯的产品，有必要首先对其分离纯化。胞外高聚物的提纯，因为各种胞外物的不同，其分离纯化方法也是千差万别，一般是根据胞外物的分子特性而制定分离方法。

因此，本章以筛选出的蜡样芽胞杆菌（*Bacillus cereus*）为主要研究对象，对它们产絮凝性胞外生物高聚物的培养条件进行单因素实验和正交实验优化研究以期找出最佳的培养条件。采用溶剂提取法制备胞外高聚物 BC11，通过多糖、蛋白质呈色反应以及红外、紫外等表征手段对所制备的胞外高聚物 BC11 进行成分分析。

5.2　胞外生物高聚物 BC11 产生菌培养条件优化

5.2.1 实验材料与方法

5.2.1.1 菌种

实验所用菌种为蜡样芽胞杆菌 *Bacillus cereus*。

5.2.1.2 培养条件

发酵培养基为：葡萄糖 20 g，KH$_2$PO$_4$ 2 g，K$_2$HPO$_4$ 5 g，（NH$_4$）$_2$SO$_4$ 0.2 g，NaCl 0.1 g，脲 0.5 g，酵母膏 0.5 g，蒸馏水 1 L，自然 pH 值，温度为 115 ℃，灭菌 30 min。在 100 mL 三角瓶中装入 25 mL 发酵液，在无菌条件下接种，于(30±1) ℃、160 rpm 恒温摇床培养 2 d。

5.2.1.3 絮凝率的测定

在 200 mL 烧杯中加入 4 g/L 的高岭土悬浊液 93 mL(高岭土配置前过 160 目筛)，1%的 CaCl$_2$溶液 5 mL，发酵液 2 mL(5.2.1.2 节中的菌株发酵液)，用 1 mol/L 的 NaOH 溶液或 1mol/L 的 HCl 溶液将 pH 值调至 7.0 左右；将其置于电动搅拌器上，先快速(250 rpm)搅拌 1 min，再慢速(80 rpm)搅拌 2 min，静置 15 min 后吸取上清液，用 721 型分光光度计测定 550 nm 处的吸光度(OD$_{550}$)值记为 B。以蒸馏水代替发酵液作对照试验，OD$_{550}$ 值记为 A，则絮凝率按下式计算：

$$\eta = \frac{(A - B) \times 100}{A}$$

式中：

A——对照上清液在 550 nm 处的吸光度；

B——絮凝后上清液在 550 nm 处的吸光度。

菌浓度的测定用光电比浊计数法[229]。

5.2.1.4 培养条件的优化研究

1. 单因素实验研究培养基成分对菌产絮凝性胞外生物高聚物的影响

采用单因素实验，分别改变发酵培养基中碳源种类、氮源种类，测量发酵液对高岭土悬浮液的絮凝率以找出较适宜的碳源、氮源。

2. 利用正交实验优化培养基和培养条件的研究

确定了最佳的碳源和氮源后，以最佳碳、氮源分别替代发酵培养基中的碳、氮源，按照发酵培养基的培养条件，选取碳源、氮源、培养基初始pH 值和温度为影响菌产絮凝性胞外生物高聚物的 4 个因素，每个因素选取4 个水平值，设计一个 $L_{16}(4^5)$ 正交实验[188]，测定在各条件下培养液对高岭土悬浊液的絮凝率。根据正交实验结果和方差分析结果得出各因素对菌产絮凝性胞外生物高聚物絮凝率影响显著性大小和各因素最佳水平，从而确定出最佳培养条件。

5.2.2 结果与讨论

5.2.2.1 单因素实验研究培养基成分对蜡样芽胞杆菌产絮凝性胞外生物高聚物的影响

1. 碳源种类对絮凝效果的影响

本实验以发酵培养基为基础，用不同的碳源葡萄糖、玉米淀粉、蔗糖、乳糖、甘油、乙醇（各 20.0 g）取代发酵培养基中的碳源，其余条件不变，进行发酵培养。通过测定不同碳源下发酵液对高岭土悬浊液的絮凝率以及发酵液中的菌浓度，确定最佳碳源。结果见表 5.1。

表 5.1　碳源种类的选择

碳源种类	絮凝率/%	菌浓度/(10^8CFU/mL)
葡萄糖	96.38	5.20

续表

碳源种类	絮凝率/%	菌浓度/(10^8CFU/mL)
淀粉	60.52	2.20
蔗糖	91.55	3.80
乳糖	89.53	3.80
乙醇	60.56	1.90

从表 5.1 可以看出，不同碳源对发酵液絮凝率和菌体生长都有很大的影响。葡萄糖、蔗糖和乳糖是蜡样芽胞杆菌产生絮凝性胞外生物高聚物的良好碳源，絮凝率均达到 90.00% 以上，尤其是以葡萄糖作碳源，菌体生长旺盛，所产胞外生物高聚物的絮凝率高达 96.38% 以上，并且葡萄糖可来自于淀粉水解，而淀粉来源广泛且价格低廉，所以，采用葡萄糖作为该菌的碳源最为合适。另外，蔗糖作碳源时，发酵液絮凝率达 91.55%，但菌体浓度较低，可推测絮凝率主要不是由菌体细胞产生的，絮凝成分是胞外分泌物。

2. 氮源种类对絮凝效果的影响

本实验以发酵培养基为基础，碳源采用已实验得出的较适宜的碳源葡萄糖，分别采用牛肉膏、蛋白胨、黄豆饼粉、(NH_4)$_2$$SO_4$、$NH_4$Cl(各 2.0 g)取代发酵培养基中的氮源，其余条件不变，进行发酵培养，通过测定不同氮源下发酵液对高岭土悬浊液的絮凝率以及发酵液中的菌浓度，确定最佳氮源，结果见表 5.2。

表 5.2 氮源种类的选择

氮源种类	絮凝率/%	菌浓度/(10^8CFU/mL)
牛肉膏	95.50	5.60
蛋白胨	94.00	5.50
黄豆饼粉	92.35	5.20
(NH_4)$_2$$SO_4$	31.54	1.15
NH_4Cl	19.50	0.90

由表 5.2 可知，采用有机氮源，如牛肉膏、蛋白胨、黄豆饼粉均有利

于该菌生长，发酵液絮凝率可达92.00%左右，而无机氮源不利于细菌生长，也不利于产生絮凝性胞外生物高聚物。从絮凝现象看，有机氮源的培养液乳黄色都很粘稠，形成的絮体呈雪花状或团状，搅拌停止后很快沉淀下来。尤其是以牛肉膏、蛋白胨、黄豆饼粉作氮源，菌体生长旺盛，所产胞外生物高聚物的絮凝率高达92.35%以上，综合考虑絮凝效果和经济因素，便宜易得的黄豆饼粉作为该菌的氮源最为合适。

5.2.2.2 利用正交实验优化培养基浓度和培养条件的研究

以蜡样芽胞杆菌最佳碳源葡萄糖、最佳氮源黄豆饼粉、培养基初始pH值、温度为进行正交实验的4个因素(分别用A、B、C、D表示)，蜡样芽胞杆菌正交实验因素及水平见表5.3，正交实验设计及结果分析见表5.4和表5.5。

表5.3　培养条件优化正交试验因素与水平

因素 ＼ 水平	A 葡萄糖/(g/L)	B 黄豆饼粉/(g/L)	C 初始pH值	D 温度/℃
1	10.0	2.0	8.0	20
2	12.0	3.0	7.0	25
3	18.0	3.5	6.0	28
4	25.0	5.0	5.0	30

表5.4　培养条件优化正交试验设计及试验结果

实验号	A	B	C	D	空白	絮凝率/%
1	1	1	1	1	1	75.51
2	1	2	2	2	2	70.26
3	1	3	3	3	3	85.53
4	1	4	4	4	4	80.54
5	2	1	2	3	4	79.58
6	2	2	1	4	3	72.50
7	2	3	4	1	2	80.62
8	2	4	3	2	1	82.60

续表

实验号	A	B	C	D	空白	絮凝率/%
9	3	1	3	4	2	90.05
10	3	2	4	3	1	80.58
11	3	3	1	2	4	85.50
12	3	4	2	1	3	92.64
13	4	1	4	2	3	66.89
14	4	2	3	1	4	75.52
15	4	3	2	4	1	89.55
16	4	4	1	3	2	82.49
M_1	311.79	311.01	391.50	324.28	328.24	
M_2	316.30	298.85	333.03	304.23	322.42	$T = 1288.98$
M_3	347.77	341.18	332.67	329.16	316.52	
M_4	313.46	338.28	307.62	331.65	322.14	
m_1	77.94	77.75	97.875	81.07	82.060	
m_2	79.07	74.71	83.258	76.05	80.61	$\bar{y} = 80.62$
m_3	86.94	85.29	83.168	82.29	79.130	
m_4	78.36	84.57	76.905	82.91	80.54	
R_j	35.98	42.33	83.88	27.42	11.72	
S_j	218.52	322.28	1305.96	116.40	17.17	

表 5.5　正交试验方差分析结果

方差来源	平方和 S	自由度 f	均方和 $\bar{S}$	F 值		显著性
A	218.50	3	72.84	12.72	$F_{0.99} = 29.5$	＊
B	322.30	3	107.42	18.80	$F_{0.95} = 9.23$	＊
C	1305.88	3	435.32	76.11	$F_{0.90} = 5.39$	＊＊
D	116.39	3	38.80	6.79		＊
e	17.17	3	5.72			

注：＊＊代表影响高度显著；＊代表影响显著。

根据表 5.4 和表 5.5，各因素对蜡样芽胞杆菌菌株产絮凝性胞外生物
高聚物絮凝率影响大小的顺序为：培养基初始 pH 值>氮源>碳源>温度，培
养基初始 pH 值对菌株蜡样芽胞杆菌产生胞外生物高聚物的絮凝率影响高

度显著，氮源、碳源和温度影响较为显著。因为微生物的生长受培养基组成和各种生存因子的影响，培养基初始 pH 值会影响微生物细胞的带电状态和氧化还原电位，影响微生物对营养物质的吸收和酶反应[230]。培养基中碳源、氮源浓度过低会使细菌不能获取足够的营养成分，从而影响其生长繁殖和所产胞外生物高聚物的絮凝率；过高则会使培养液中对微生物生长有抑制作用的物质浓度升高，进而影响细菌的生长和所产胞外生物高聚物的絮凝率。微生物的生命活动和物质代谢都与温度有关，适宜的温度有利于微生物保持良好的生长和代谢速率，温度过高或过低均会影响酶的活性，使细胞代谢缓慢，影响胞外生物高聚物的絮凝率。从表 5.4 中的 m_i（各因素各水平絮凝率平均值）可以得出该菌产絮凝性胞外生物高聚物的最佳培养条件为：$A_3B_3C_1D_4$，即葡萄糖 18.0 g/L，黄豆饼粉 3.5 g/L，培养基初始 pH 值 8.0，培养温度 30 ℃，通气量 160 rpm。在此培养条件下，蜡样芽胞杆菌产絮凝性胞外生物高聚物对高岭土悬浊液絮凝率达 95.60%。

5.3 胞外生物高聚物 BC11 的提取纯化

5.3.1 实验药品及仪器

5.3.1.1 实验药品

本实验使用的主要药品如下：

(1)无水乙醇(分析纯，上海化学试剂有限公司)。

(2)丙酮(分析纯，国药集团化学试剂有限公司)。

(3)α-萘酚(分析纯，上海亭新化工厂)。

(4)浓硫酸(分析纯，上海化学试剂有限公司)。

(5)蒽酮(分析纯，上海医药集团上海化学试剂公司)。

(6)茚三酮(分析纯，上海医药集团上海化学试剂公司)。

(7)重蒸酚(分析纯，上海化学试剂站中心化工厂)。

(8)硫酸铜(分析纯，上海四星医药科技工贸公司)。

(9)考马斯亮兰 G-250(分析纯，上海世泽生物科技有限公司)。

(10)葡萄糖(化学纯,上海化学试剂分装厂)。

5.3.1.2 实验仪器与设备

本实验使用的主要仪器与设备如下:

(1)NICOLET NEXUS 470 FT-IR 光谱仪(Thermoelectric, USA)。

(2)岛津紫外可见分光光度计(日本)。

(3)S-4800 场发射扫描电子显微镜(Hitachi High,Japan)。

(4)高速离心机(上海手术器械厂)。

(5)旋转蒸发仪(RE-52C,巩义市英峪予华仪器厂)。

(6)透析袋(上海绿鸟科技发展有限公司)。

(7)真空干燥箱(北京利康达圣科技发展有限公司)。

(8)冷冻干燥箱(MCFD5508,北京中油高盛环保技术有限公司仪器部)。

5.3.2 实验方法

5.3.2.1 胞外生物高聚物 BC11 提取纯化

根据 2.3.2 节的研究结果发现,本实验所研究的蜡样芽胞杆菌产生的絮凝现象,是由其胞外分泌物引起的,该胞外生物高聚物具有絮凝活性。故胞外生物高聚物 BC11 的提取纯化步骤如下:

发酵液于 8000 rpm 离心 30 min 去菌体。上清液浓缩至 0.5 倍原体积,加入 2 倍体积预冷的乙醇,4 ℃下放置 24 h,离心收集沉淀。沉淀经无水乙醇脱水 2～3 次,真空干燥后为絮凝剂粗品。在二次蒸馏水中透析 2 天,乙醇再沉淀,收集沉淀溶于少量蒸馏水后进行冷冻干燥,得到絮凝剂的纯品。

采用生物样品的常规分离纯化方法——透析法作为 BC11 产品的纯化方法。透析法是把待分离或纯化的样品封入由半透膜组成的透析袋内,然后将袋子放入低离子强度的透析液中进行透析。膜内分子量小于某一分子量的分子可透过膜进入透析液中,从而实现大分子与小分子的分离或生物大分子的纯化。

5.3.2.2 胞外生物高聚物 BC11 的分子组成、结构、理化性质研究

研究胞外生物高聚物 BC11 的物质组成、分子结构与理化性质，可以更科学地解释胞外生物高聚物的絮凝特性与絮凝性能，为吸附作用机理研究、胞外生物高聚物的应用研究等提供科学依据。本节主要研究 BC11 的分子组成、结构、理化性质等。

1. 糖类呈色反应

（1）α-萘酚反应（Molisch 反应）。糖经无机酸（硫酸、盐酸）的浓溶液作用，脱水生成糠醛或糠醛衍生物，后者能与 α-萘酚生成紫红色物质。该反应不是糖类的特异反应，各种糠醛衍生物也有阳性反应。

Molisch 试剂：5 g α-萘酚用 95% 乙醇溶解至 100 mL，使用前配制，保存于棕色瓶内。

操作步骤：取试管，编号，然后分别加入各种待测糖溶液 1 mL，然后加 2 滴 Molisch 试剂，摇匀。倾斜试管，沿管壁小心加入约 1 mL 浓硫酸，切勿摇动，小心竖直后仔细观察两层页面交界处颜色变化。

（2）蒽酮反应。糖类遇浓硫酸时，脱水生成糠醛衍生物，后者可与蒽酮缩合成蓝绿色的化合物。

蒽酮溶液：把 0.2 g 蒽酮溶于 100 mL 浓硫酸中，使用前配制。

操作步骤：取试管，编号，均加入约 2 mL 蒽酮溶液，再向各管滴加 5 滴各种待测糖溶液，充分混匀，观察各管颜色变化并记录。

2. 蛋白质呈色反应

（1）茚三酮显色法。

试液：茚三酮 0.2 g 溶于乙醇 100 mL 或溶于 100 mL 正丁醇，加乙酸 3 mL。

操作步骤：取样品的水溶液 1 mL，加入茚三酮试液 2～3 滴，然后加热煮沸 4～5 分钟，待其冷却，呈现红色棕色或蓝紫色（蛋白质、胨类、肽类及氨基酸）。

（2）双缩脲反应。

双缩脲试剂：取 10 g NaOH 配制成 100 mL 质量浓度为 0.1 g/mL 的

NaOH 溶液，瓶口塞上胶塞，贴上标签，写上双缩脲试剂 A。取 1 g 硫酸铜配制成 100 mL 质量浓度为 0.01 g/mL 的硫酸铜溶液（蓝色）。瓶口塞上胶塞，贴上标签，写上双缩脲试剂 B。

操作步骤：取试管，加入待测溶液 1 mL，然后先加双缩脲试剂 A 造成碱性环境，约 2 mL。再加双缩脲试剂 B 3～4 滴左右，然后观察溶液颜色变化。

3. 多糖含量的测定

胞外生物高聚物 BC11 粗品中总糖含量的测定采用苯酚-硫酸法，以葡萄糖为标准溶液。苯酚-硫酸法测定多糖的含量。

试剂：5 g 重蒸酚（收集 182 ℃ 冷凝的苯酚）加入 95 mL 蒸馏水，摇匀备用，浓硫酸，葡萄糖。

标准曲线的制作：精确称取经过干燥的葡萄糖 10 mg，溶于 100 mL 的去离子水，分别稀释成浓度为 10 μg/mL、20 μg/mL、30 μg/mL、40 μg/mL、50 μg/mL、60 μg/mL 的溶液，取该溶液各 0.2 mL 置于 10 mL 的试管中，加入 50 g/L 苯酚溶液 0.4 mL，混合后迅速加入 2 mL 浓硫酸，混合均匀后，室温放置 30 min，用 722 型分光光度计、10 mm 光径比色皿，在波长 490 nm 测定吸光度，空白以去离子水代替糖溶液。以光密度为纵坐标，糖含量为横坐标，得标准曲线。

胞外高聚物多糖含量测定：精确称取 0.1 g 胞外高聚物样品，移入 100 mL 容量瓶配置成 1.0 mg/mL 的溶液，重复吸取两次该溶液 0.2 mL，同制作标准曲线操作相同，比色测定，根据标准曲线和样品光密度计算多糖含量。

$$多糖的百分含量(\%) = \frac{v}{w} \times 100 \qquad (5.1)$$

式中：

v——检出量，mg；

w——样品重量，mg。

4. 蛋白质含量的测定

紫外分光光度法检测蛋白质。准确称取待测样品 BC11，配成浓度为 0.5 mg/mL 的溶液，在紫外分光光度计的 260 nm 与 280 nm 处测其光吸收值。并按下述公式计算[231]：

蛋白质浓度（mg/ml）＝ $F \times l/d \times A_{280} \times N$

从有关表中可以查出 F；d 是指比色杯厚度，cm；N 为溶液的稀释倍数；A_{280} 为该溶液在 280 nm 下测得的光吸收值。

5. 色谱分析

(1)紫外光谱扫描。紫外光谱扫描可定性分析样品中是否含有蛋白质和核酸，蛋白质在 280 nm 处有吸收峰，核酸在 260 nm 处有吸收峰，而糖类在紫外区没有吸收峰。用日本岛津紫外可见分光光度计 UV-2450 对絮凝剂水溶液在 190～400 nm 范围内进行扫描分析，测定胞外生物高聚物在紫外光区是否有吸收峰以及吸收峰的大小。

(2)红外光谱扫描。实验采用压片法进行样品固定，即 KBr 压片法。先用玛瑙研钵将光谱纯级的 KBr 研细，然后在真空干燥箱中 105 ℃ 烘干，保存在干燥器中备用。以样品 1～2 mg 对 KBr 100～200 mg 的比例在玛瑙研钵中研细混匀，颗粒大小不超过 2 μm，混匀后压片，制成直径约 13 mm，厚 0.8 mm 薄片，在 400～4000/cm 范围红外光谱扫描分析絮凝剂分子中的特征官能团。

5.3.3 结果与讨论

5.3.3.1 提取纯化结果

经醇沉、透析得到絮凝性胞外生物高聚物的纯品（EPS BC11）。纯品为淡黄色的微细颗粒，产量为 4.236 g/L。

5.3.3.2 呈色反应结果

在 α-萘酚反应试验中，反应 0.5 min 后，在两液面间出现了紫红色的环，原因是糖经过浓硫酸脱水生成糠醛或其衍生物，后者再与 α-萘酚结合生成紫红色物质，在糖溶液与浓硫酸两液面间出现紫红色环。说明此胞外生物高聚物 BC11 可能是一种糖类物质。在蒽酮反应进行 10 min 后，溶液呈现蓝紫色，表明此 BC11 分子组成中有糖类，多糖中含有蛋白质成分，BC11 可能是一种糖蛋白类。

双缩脲反应溶液颜色变化不明显，试验表明 BC11 可能是一种结合态蛋白质。茚三酮反应结果表明，BC11 具有典型的茚三酮反应特征，反应液由紫红色到深蓝色，本实验表明了 BC11 含有蛋白质。

5.3.3.3 多糖含量的测定

多糖标准曲线的绘制。按苯酚-硫酸法配制多糖标准溶液，测定结果见表 5.6。

表 5.6　多糖标准溶液 OD$_{490}$ 值

多糖浓度/(μg/mL)	0	10	20	30	40	50	60
OD$_{490}$	0	0.049	0.082	0.130	0.1693	0.230	0.290

将多糖浓度与吸光度建立回归方程，结果如图 5.1 所示。

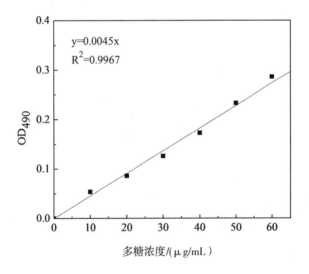

图 5.1　多糖含量标准曲线

用苯酚硫酸法测定配制的 1.0 mg/mL 胞外高聚物溶液的含糖量，得到胞外生物高聚物多糖含量为 80.70%。其余成分可能蛋白质之类的物质。

5.3.3.4 蛋白质含量的测定

试验结果：在浓度为 0.5 mg/mL 时，测定所得吸光度。结果如下：

（1）$r = 260$ nm，光密度值 $A = 0.920$；

（2）$r = 280$ nm，光密度值 $A = 0.482$。

所以，$A_{280}/A_{260}=0.451$，查表得 $F=0.198$，所以

蛋白质浓度（mg/mL）$= F×1/d×A_{280}×N = 0.205×1×0.482×1$

$$= 0.0955 \text{ mg/mL}$$

于是样品中蛋白质含量为

$$0.0955/0.5×100\% = 19.10\%$$

5.3.3.5 胞外生物高聚物 BC11 表征

1. SEM 分析

用 S-4800 场发射扫描电子显微镜对胞外生物高聚物 BC11 样品固定、脱水、喷金后进行分析，结果如图 5.2 所示。

图 5.2　胞外生物高聚物 BC11 的扫描电镜图

由扫描电镜照片图 5.2 可以看出，胞外生物高聚物 BC11 的表面粗糙、凹凸不平，这种结构为吸附提供了巨大的表面积，使众多的功能团能与吸附质相接触。

2. 紫外光谱分析

本实验中，BC11 水溶液的紫外光谱图如图 5.3 所示，由图可知 BC11 在 206.3 nm 处出现唯一的强吸收峰，在 280 nm 处有一较弱的吸收峰，分析图谱，—COOH 及其共扼双键、五元糖环在 206 nm 处附近有吸收，表明 BC11 分子中含有较多的—COOH 及其共扼双键、五元糖环等基团；280 nm

处有一较弱的吸收峰表明 BC11 分子中含有少量的蛋白质。紫外光谱分析结果表明：胞外生物高聚物 BC11 的分子中具有蛋白质与糖类的特征基团。

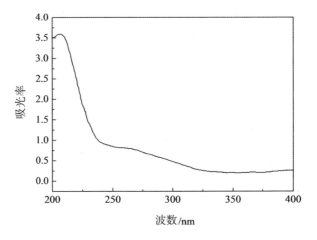

图 5.3　胞外生物高聚物 BC11 水溶液的紫外光谱图

3. 红外光谱分析

红外光谱图上每一个吸收峰都对应于分子中原子或官能团振动的情况。每一种化合物都具有其特定的红外光谱图，因此利用红外光谱图可以对一些复杂的化合物的定性研究及定量研究，检验分子中的一些官能团和氢键的存在。胞外生物高聚物 BC11 的红外光谱图如图 5.4 所示。

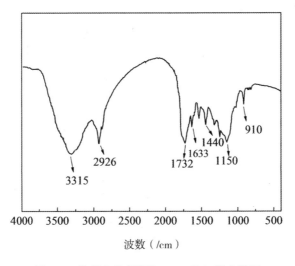

图 5.4　胞外生物高聚物 BC11 的红外光谱图

从图 5.4 可看出，3315/cm 附近范围强宽谱峰为缔合的来自 O-H 的伸缩振动，是 O-H 和 N-H 键伸展振动吸收；2926/cm 处的峰为 CH_2 的碳氢反对称伸缩振动峰，此区域的吸收峰是糖类的特征峰[232]；1732/cm 处吸收峰为羧酸脂类化合物及酮类化合物中羰基的 C=O 伸缩振动。1633/cm 处的吸收峰为酰胺 Ⅰ 带 C=O 的伸缩振动，1533/cm 处的吸收峰是酰胺 Ⅱ 带，它们是由 N-H 的弯曲振动及 C-N 的伸缩振动[233]。1440/cm 处是羧酸根离子（COO⁻）的特征吸收峰，是由于羧酸中 C-O 伸缩振动引起的。1200～1000/cm 处比较大的吸收峰是由两种 C-O 引起的，其中一种是 C-O-H 的变形振动，另一种是糖环的 C-O-C 伸缩振动；899～916/cm 可能是羧酸中 O-H 面外变形振动吸收峰。

该红外吸收谱图表明，此胞外生物高聚物中存在多糖和蛋白质的成分。胞外生物高聚物的活性成分中既含有蛋白质的特征基团氨基（或酰胺基），又含有糖的特征基团羧基和羟基，羧基分别以—COO⁻ 和—COOH 的形式存在。表明胞外生物高聚物是一种两性大分子物质，其中所含的吸附位点较多，可对金属离子表现出良好的吸附性能。

5.4 本章小结

以本书筛选出的一株高效产胞外生物高聚物菌株蜡样芽胞杆菌为菌种，采用单因素实验法确定最佳碳源为葡萄糖，最佳氮源为黄豆饼粉。采用正交实验设计方法，对该菌产高絮凝性胞外生物高聚物的培养条件进行优化研究，结果表明：菌株产胞外生物高聚物的最佳培养条件是碳源为葡萄糖（18.0 g/L），氮源为黄豆饼粉（3.5 g/L），培养温度为 30℃，培养基初始 pH 值为 8.0，通气量为 160 rpm。

通过多糖、蛋白质呈色反应结果显示此胞外生物高聚物含有多糖和蛋白质。通过定量分析此胞外高聚物中多糖和蛋白质含量分别为 80.70% 和 19.10%。红外光谱分析发现所制备的胞外生物高聚物含有大量的阴离子活性基团（氨基、羟基、羧基等）。SEM 表征发现胞外高聚物的表面粗糙、凹凸不平并具有多孔结构，具有较大的比表面积，多孔结构为吸附提供了良好的空间结构。

第 6 章

胞外生物高聚物 BC11 固相萃取分离/富集 Pb(Ⅱ)/ Cu(Ⅱ)的研究

6.1 胞外生物高聚物 BC11
对 Pb(Ⅱ)的吸附行为及应用研究

6.1.1 引言

Pb(Ⅱ)是一种严重污染环境的重金属，能够作用于动物和人体全身各个系统和器官，损害骨髓造血系统、神经系统、肾脏和生殖系统，但水中的铅离子通常以微量或痕量形式存在，因此，人们越来越关注环境和生物样品中痕量或超痕量铅的测定。由于测定低浓度的铅，会受到仪器限制和其他共存离子的干扰，所以，在测定之前需要进行预富集和分离程序。目前，应用预富集和分离技术检测痕量铅的方法有液-液萃取[234]、离子交换[235]、浊点萃取[236]及固相萃取[237]等。固相萃取技术具有诸多优点，已成为样品预处理技术中最简单、高效、灵活的一种手段[238,239]，广泛用于环境样品中痕量金属离子和微量有机污染物的分离与富集。新型固相萃取吸附剂的制备及应用已成为该领域的重要研究内容，特别是开发对金属离子具有良好的螯合/络合能力且具有环境友好、生物可降解性、新型价廉的生物吸附材料是目前的研究热点。

胞外生物高聚物是生物细胞的代谢产物，也是近年来受到广泛重视的一种新兴生物高分子材料，主要成分有多糖、蛋白质、核酸和脂类等。这些成分含有大量的氨基、羧基、羟基、咪唑基、胍基、亚胺基等活性基团，这些基团中的 N、O、P、S 等均可以提供孤对电子与金属离子形成络合物或螯合物，使溶液中金属离子被吸附。研究表明，胞外生物高聚物对一些金属离子具有很强的吸附能力，是痕量金属离子分析的理想分离/富集材料。本书利用蜡样芽胞杆菌产生的胞外生物高聚物作为生物吸附剂，以火焰原子吸收法(FAAS)为检测手段探讨了 BC11 对 Pb(Ⅱ)的吸附行为及影响其吸附的主要因素，考查了 BC11 对 Pb(Ⅱ)的吸附容量，研究了共存离子的干扰情况，并将建立的方法用于环境水样中痕量铅的测定。

6.1.2 实验部分

6.1.2.1 仪器与试剂

1. 实验仪器

本实验使用的主要仪器如下：

(1)TAS-986 型原子吸收分光光度计(北京普析通用仪器有限责任公司)。

(2)铅空心阴极灯。

(3)WQF-400N 傅立叶变换近红外光谱仪(Thermo Electron Corporation)。

(4)S-4800 场发射扫描电子显微镜(Hitachi High，Japan)。

(5)pHS-3C 型酸度计(上海理达仪器厂)。

(6)高速冷冻离心机(Eppendorf)。

(7)DHG-9140A 型电热恒温鼓风干燥箱(上海一恒科学仪器有限公司)。

(8)SHZ-D(Ⅲ) 循环水式真空泵(巩义市英峪予华仪厂)。

(9)BS124S 电子天平(北京赛多利斯仪器系统有限公司)。

2. 实验试剂

本实验使用的主要试剂如下：

(1)硝酸铅(分析纯，中国医药上海化学试剂公司)。

(2)氢氧化钠(分析纯，上海化学试剂有限公司)。

(3)氨水(分析纯，上海化学试剂有限公司)。

(4)硝酸(分析纯，国药集团上海化学试剂有限公司)。

(5)盐酸(分析纯，国药集团上海化学试剂有限公司)。

(6)硫酸(分析纯，国药集团上海化学试剂有限公司)。

(7)二次石英蒸馏水。

Pb(Ⅱ)标准溶液：准确称取 0.4000 g Pb(NO$_3$)$_2$于小烧杯中，加入少量蒸馏水溶解，再加 1:1 硝酸 2 mL，搅拌均匀，转入至 250 mL 容量瓶中，定容至刻度，此溶液中 Pb(Ⅱ)的含量是 1 mg/mL。

6.1.2.2 仪器测定条件

火焰原子吸收光谱法的工作条件见表6.1。

表6.1　FAAS的工作条件

元素	灯电流 /mA	光谱带宽 /nm	波长 /nm	燃烧器高度 /mm	燃气流量 /(L/min)	燃烧器位置 /mm
Pb	2.0	0.40	283.3	5.0	1.5	2.0

6.1.2.3 吸附与解吸试验

于50 mL 比色管中加入一定量的 Pb(Ⅱ)标准溶液，以盐酸和氨水溶液调节 pH 值至6.2，以水定容至刻度。称取0.25 g 胞外生物高聚物 BC11 加入其中，30 ℃振荡1 h，静置2 h后，5000 rpm 离心5 min，移取上层清液用 FAAS 测定 Pb(Ⅱ)的含量，计算吸附率或吸附容量。取上述 Pb(Ⅱ) 吸附完全并离心后的沉淀，溶于蒸馏水中，加入10 mL 0.5 mol/L HCl，定容到与沉淀前液体相同的体积，30 ℃振荡1 h，静置2 h后离心，移取上层清液用 FAAS 测定 Pb(Ⅱ)含量，计算解脱回收率。吸附率($A\%$)、吸附容量(q, mg/g) 和解脱回收率($D\%$)按公式(6.1)、(6.2)和(6.3)计算：

$$A = \frac{C_0 - C}{C_0} \times 100\% \qquad (6.1)$$

$$q = \frac{(C_0 - C)V}{W} \qquad (6.2)$$

$$D = \frac{H_{de}}{H_{ad}} \times 100\% \qquad (6.3)$$

式中：

C_0——初始 Pb(Ⅱ)浓度，mg/L；

C——吸附后溶液中剩余 Pb(Ⅱ)的浓度，mg/L；

V——溶液体积，L；

W——吸附剂干重，g。

6.1.3 结果和讨论

6.1.3.1 胞外高聚物 BC11 吸附 Pb(Ⅱ)机理探讨

1. 扫描电镜分析

图 6.1 所示为胞外生物高聚物 BC11 吸附 Pb(Ⅱ)前后的扫描电镜图。

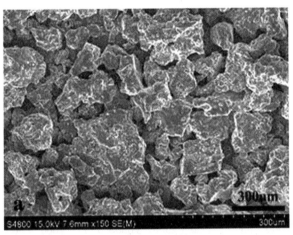

（a）吸附Pb(Ⅱ)前

（b）吸附Pb(Ⅱ)后

图 6.1　胞外生物高聚物 BC11 吸附 Pb(Ⅱ)前后的扫描电镜图

由图 6.1(a)可以看出，BC11 表面不平整，这种结构为吸附提供了巨大的表面积，使众多的功能团能与吸附质相接触。而吸附 Pb(Ⅱ)后，见图 6.1(b)，由于其吸附重金属离子 Pb(Ⅱ)后，高聚物间结合力减弱，故比吸附前显得分散，在其颗粒周围有大量的片状物质存在，外表面还粘附有一些絮状或团状物，说明 Pb(Ⅱ)在胞外生物高聚物表面形成了金属沉积物。

2. 红外光谱分析

胞外生物高聚物 BC11 吸附铅前后的红外谱图如图 6.2 所示。

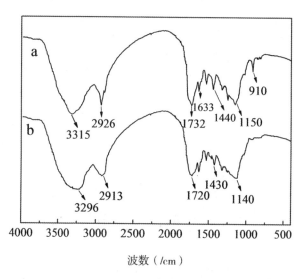

图 6.2　胞外生物高聚物 BC11 吸附铅前后的红外光谱图

由图 6.2(b)可以看出，BC11 吸附 Pb(Ⅱ)后，3315/cm 处的 N-H 吸收峰稍有减弱，移至 3296/cm 处。这可能是因为 Pb(Ⅱ)-PF-2 在合成过程中产生 N-Pb 配位键使得 N-H 吸收峰有所减弱[240]。BC11 吸附 Pb(Ⅱ)后，谱图 2926/cm 处的 CH$_2$ 的碳氢反对称伸缩振动峰向低波数偏移13/cm且伸缩振动有弱化现象，1732/cm 处的 C=O 伸缩振动峰向低波数发生 10/cm 的漂移，这可能是由于胞外生物高聚物结构中的 O 在吸附过程中通过络合等方式与 Pb(Ⅱ)相作用，从而降低了含氧官能团的电子云密度，改变了它们的振动频率和振动强度[241]。胞外高聚物吸附 Pb(Ⅱ)后羧基的 C—O 伸缩振动峰发生位移，由 1440/cm 移至 1430/cm，强度也有所减弱，这是羧酸酯官能团同金属离子络合的表现，表明羧基官能团与 Pb(Ⅱ)发生了络合，导致其振动减弱[242]。胞外高聚物吸附铅前后的红外谱图的变化说明, 高聚物中有机官能团中的羟基、氨基、羧基和 C-O-C 是胞外生物高聚物与 Pb(Ⅱ)离子发生络合作用的主要官能团。

6.1.3.2 胞外高聚物 BC11 对 Pb(Ⅱ)吸附性能

1. 溶液初始 pH 值的影响

在 50 mL 比色管中加入 10 mL 50 mg/L 的 Pb(Ⅱ)离子标准液, 调节溶液 pH 值, 定容, 加入 0.25 g 胞外高聚物 BC11。按实验方法操作, 分别考查了 pH 值在 1.0~8.0 不同酸度条件下 Pb(Ⅱ)在胞外高聚物 BC11 上的吸附率, 结果如图 6.3 所示。

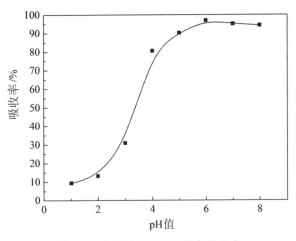

图 6.3　酸度对铅离子吸附率的影响

溶液 pH 值不仅影响吸附剂的吸附位点的存在状态, 而且还会影响金属的化学性质。当 pH 值较低时, 胞外高聚物对 Pb(Ⅱ)的吸附量较小, 随着 pH 值的增大, 高聚物对 Pb(Ⅱ)的吸附量逐渐增大。从图 6.3 可以看出, 当 pH 值在 6.0~6.2 时, 高聚物对 Pb(Ⅱ)的吸附量较大。胞外生物高聚物是带有大量活性基团的有机高分子, 当溶液初始 pH 值过低时, 一方面, 由于高聚物参与吸附的负电基团, 如羟基会被中和; 另一方面, 由于被水合氢离子包围而使 EPS 表面质子化, 使高聚物与 Pb(Ⅱ)存在静电排斥, 从而导致吸附量较低。随着 pH 值增大, 胞外高聚物表面暴露的吸附基团增多, 同时, 金属离子与胞外生物高聚物之间的静电斥力减小, 有利于吸附进行, 故吸附量增加。当 pH 值大于 7.0 时, 部分 Pb(Ⅱ)与 OH 离子形成氢氧化物沉淀而影响生物高聚物对 Pb(Ⅱ)吸附。pH 值过高而超过金属离子微沉淀的上限时，溶液中大量金属离子会以不溶解的氧化物、氢氧化物微粒的形式存在，从而使吸附无法进行[243,244]。

2. 胞外高聚物不同投加量对吸附作用的影响

按实验方法，其他条件不变，分别考查了 0.05 g、0.10 g、0.15 g、0.20 g、0.25 g、0.30 g、0.40 g、0.50 g 等不同加入量的胞外高聚物 BC11 对 Pb(Ⅱ)的吸附率的影响。不同胞外生物高聚物投加量下吸附 Pb(Ⅱ)的效果如图 6.4 所示。

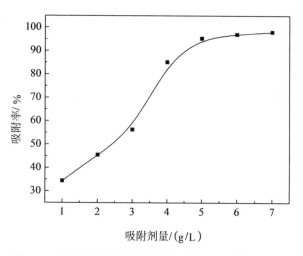

图 6.4 胞外生物高聚物投加量对铅离子吸附率的影响

由图 6.4 可知，随着投加量的增加，BC11 对 Pb(Ⅱ)的去除率逐渐增加。投加量在 1.00 ~ 5.00 g/L，去除率从 34.34%增加到 95.23%，此后增加缓慢，故确定胞外生物高聚物投加量为 5.00 g/L。

3. 动力学分析

按实验方法，分别考查在不同 Pb(Ⅱ)离子初始浓度下，接触时间对胞外生物高聚物 BC11 吸附 Pb(Ⅱ)的影响，如图 6.5 所示。由图 6.5 可知，BC11 对 Pb(Ⅱ)离子的吸附出现两个阶段：初始阶段吸附速率较快，持续 30 min，这可能归因于在初始阶段高聚物表面有充足可利用的活性部位；而这些活性位点慢慢被占用后，之后阶段吸附速率逐渐变慢。

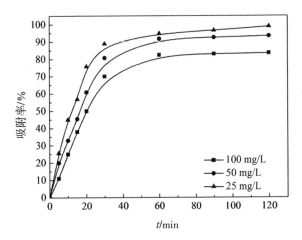

图 6.5　不同 Pb(Ⅱ)离子初始浓度下 BC11 吸附铅离子的动力学曲线

常用于描述吸附动力学方程的数学模型有 Lagergren 准一级动力学方程、HO 准二级动力学方程和内部扩散模型[245]，方程式分别如下：

$$\ln(q_e - q_t) = \ln q_e - \frac{k_1}{2.303}t \tag{6.4}$$

$$\frac{t}{q_t} = \frac{1}{k_2 q_e^2} + \frac{t}{q_e} \tag{6.5}$$

$$q_t = k_p t^{0.5} + C \tag{6.6}$$

式中：

q_e——最大吸附量，mg/g；

q_t——t 时刻吸附量，mg/g；

k_1——一级吸附速率常数，min；

k_2——二级吸附速率常数，g/(mg·min)；

k_p——内部扩散速度常数，mg/(g·min$^{0.5}$)；

C——吸附剂周围边界层对吸附过程的影响，C 值越大，边界层对吸附的影响越大。

符合一级反应动力学通常被认为是物理吸附，整个过程为扩散控制的步骤；而二级反应动力学是化学吸附过程，吸附剂和被吸附物通过共用电子对、电荷交换来达到化学吸附的过程，因此符合二级速率方程的吸附机理一般为化学吸附控制。

根据图 6.5 中的数据，分别以 $\ln(q_e - q_t) \sim t$，$t/q_t \sim t$ 和 $q_t \sim t^{0.5}$ 作图，

进行回归分析。不同初始浓度下的拟合结果见表 6.2。

表 6.2　胞外生物高聚物 BC11 吸附 Pb(Ⅱ)的动力学参数

模型	参数	初始浓度/(mg/L)		
		25	50	100
	$q_{m,exp}/(mg/g)$	14.08	20.29	33.65
一级动力学模型	$q_{e1,cal}/(mg/g)$	8.22	15.58	20.93
	$k_1/(/min)$	0.075	0.054	0.047
	R^2	0.9373	0.9159	0.9042
二级动力学模型	$q_{e2,cal}/(mg/g)$	13.26	18.81	31.39
	$k_2/[mg/(g \cdot min)]$	0.402	0.013	0.054
	R^2	0.999	0.999	0.999
内扩散模型	R^2	0.7206	0.6846	0.7923
	$k_p/[mg/(g \cdot min^{0.5})]$	0.0995	0.1747	0.4278
	C	11.279	18.901	28.680

结果表明，Pb(Ⅱ)在胞外高聚物 BC11 上的吸附动力学符合 HO 准二级动力学方程(R^2 均大于 0.999)。根据二级动力学方程建立的机理，可以推测符合二级动力学方程的吸附时间内，限速步骤是化学吸附过程。该过程可能与吸附剂及金属离子之间电子共享或电子交换的共价力有关。表 6.2 中的截距 C 值随 Pb(Ⅱ)初始浓度增大而增大，表明胞外高聚物 BC11 对 Pb(Ⅱ)的吸附过程中，液相边界层的影响随浓度增大逐渐增大。

4. 吸附等温线和饱和吸附容量

在最佳实验条件下，采用静态吸附法测定了 Pb(Ⅱ)离子浓度在 5 ~ 450 mg/L 范围内的吸附等温线结果如图 6.6 所示。

由图 6.6 可以看出，吸附量随溶液中 Pb(Ⅱ)浓度的增加而增加，当溶液中 Pb(Ⅱ)浓度高达一定值时，吸附量基本保持不变。这可以解释为当胞外生物高聚物浓度不变时，随着 Pb(Ⅱ)浓度的增加，胞外高聚物表面的吸附位逐渐被 Pb(Ⅱ)占据，吸附位点趋于饱和，吸附量的增加就会越来越小，在曲线上的表现就是斜率越来越小。

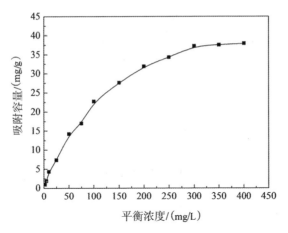

图 6.6　铅离子吸附等温曲线

　　为了研究 BC11 对 Pb(Ⅱ) 离子的吸附等温线模型，分别用 Langmuir、Freundich 和 Duin-Radushkevich 三种吸附等温线模型对吸附数据进行拟合[246～248]。其中 Langmuir 模型是一个理论吸附公式，它假定吸附过程为单层吸附，被吸附物质的颗粒与水分子一样大且占据同样大小的吸附剂的表面，当吸附剂表面被吸附物质占满后，达到吸附的最大量，吸附过程中能量不变。Langmuir 吸附等温线模型的线性方程为：

$$\frac{C_e}{q_e} = \frac{1}{(q_m K_L)} + \frac{C_e}{q_m} \tag{6.7}$$

式中：

　　q_e——平衡吸附量，mg/g；

　　q_m——饱和吸附容量，mg/g；

　　C_e——吸附平衡时的金属离子的浓度，mg/L；

　　K_L——与吸附能有关的常数，L/mg。

　　Freundlich 吸附等温式可表示为：

$$\ln q_e = 1/n(\ln C_e) + \ln K_f \tag{6.8}$$

式中：

　　q_e——平衡吸附量，mg/g；

　　K_f——与吸附能力有关的常数，g/L；

　　n——与温度有关的常数。

　　Dubinin-Radushkevich 吸附等温式可表示为：

$$\ln q_e = \ln q_m - K\varepsilon^2 \tag{6.9}$$

$$\varepsilon = RT \ln(1 + 1/C_e) \tag{6.10}$$

$$E = (2K)^{-1/2} \tag{6.11}$$

式中：

q_e——平衡时的吸附容量，mg/g；

q_m——饱和吸附容量，mg/g；

C_e——吸附平衡时金属离子的浓度，mg/L；

R——理想气体常数，8.314 J/(mol·K)；

T——热力学温度，K；

E——平均吸附能，kJ/mol；

K——与能量有关的常数，mol²/kJ²。

q_m和K_L值可以由$1/q_{eq} \sim 1/C_{eq}$图的拟合直线方程得到；系数n和K_f可以由$\ln q_{eq} \sim \ln C_{eq}$图的拟合直线方程得到；Dubinin-Radushkevich 等温式中q_m和K由$\ln q_e \sim \varepsilon^2$图的拟合直线方程得到。分别用三种吸附等温方程模型对 BC11 吸附 Pb(Ⅱ)的热力学数据进行拟合，所得参数见表6.3。

表6.3　不同吸附模型拟合 BC11 对 Pb(Ⅱ)吸附的热力学参数

模型	参数	
	$q_{m,exp}/(mg/g)$	37.93
	$q_{m,cal}/(mg/g)$	41.33
	$K_L/(L/mg)$	0.0245
Langmuir	R^2	0.992
	K_f	1.845
	n	2.526
Freundlich	R^2	0.902
	$q_{m,cal}(mg/g)$	35.42
	$K \times 10^4/(mol^2/kJ^2)$	8.0
Dubinin-Radushkevich	$E/(kJ/mol)$	20.75
	R^2	0.958

从表6.3中可以看到 Langmuir 的线性相关系数要高于 Freundich 和 Du-

binin-Radushkevich 吸附等温线模型，最大吸附容量为 41.33 mg/g 与实验值比较吻合，说明 BC11 对 Pb(Ⅱ) 的吸附是单分子层吸附。此外，由 Freundlich 模型拟合得到的 n 值大于 1，说明在研究范围内 BC11 对 Pb(Ⅱ) 的吸附均为优惠吸附过程。平均吸附能 E 代表从溶液中吸附 1 mol 的溶质需要的能量，$E < 8$ kJ/mol 表示吸附主要是物理过程，E 在 8 ～ 16 kJ/mol 时吸附主要是化学吸附[249]。从表 6.3 可看出，BC11 对 Pb(Ⅱ) 的平均吸附能在 20.75 kJ/mol 之间，可见 BC11 在吸附 Pb(Ⅱ) 过程中，化学吸附是主要的吸附方式。

6.1.3.3 解脱酸度和解脱体积对 Pb(Ⅱ) 回收率的影响

从图 6.3 可以看出强酸条件下有利于 Pb(Ⅱ) 的解脱，选择 HNO₃ 作为解脱剂，按实验方法进行吸附和解脱试验，30 ℃ 条件下，分别考查了 0.01 mol/L、0.05 mol/L、0.10 mol/L、0.50 mol/L、1.00 mol/L、2.00 mol/L、2.50 mol/L 等不同浓度的 HNO₃ 溶液对 Pb(Ⅱ) 的回收率的影响，见表 6.4。实验结果表明，Pb(Ⅱ) 的回收率随着 HNO₃ 浓度的不断增加而逐渐提高，当 HNO₃ 浓度超过 0.50 mol/L 时，Pb(Ⅱ) 的回收率可达 94.66% 以上。故本实验选择 0.50 mol/L HNO₃ 作为 Pb(Ⅱ) 的解脱剂。

按实验方法，其他条件不变，分别考查了 5.0 mL、8.0 mL、10.0 mL、15.0 mL、20.0 mL、25.0 mL 等不同体积的 0.50 mol/L HNO₃ 对 Pb(Ⅱ) 回收率的影响，见表 6.4。实验结果表明，随着 HNO₃ 体积不断增加，Pb(Ⅱ) 的回收率不断增大，当 HNO₃ 的体积达到 15.0 mL 时，Pb(Ⅱ) 的回收率达到 97.50%。考虑富集倍数和充分解脱等因素，本实验选择 0.50 mol/L HNO₃ 15.0 mL 作为解脱体积。

表 6.4　不同浓度和体积 HNO₃ 对 Pb(Ⅱ) 回收率的影响

HNO₃ 浓度/(mol/L)	回收率/%	HNO₃ 体积/mL	回收率/%
0.01	10.45	5.0	45.86
0.05	48.16	8.0	79.85
0.10	84.85	10.0	89.20
0.50	96.10	15.0	97.65

HNO₃ 浓度/(mol/L)	回收率/%	HNO₃ 体积/mL	回收率/%
1.00	100.00	20.0	100.00
2.00	100.00	25.0	100.00

6.1.3.4 工作曲线、方法的检出限和精密度

配制一系列 Pb(Ⅱ)的标准溶液(C = 0.01 μg/mL、0.05 μg/mL、0.10 μg/mL、0.50 μg/mL、1.00 μg/mL、1.50 μg/mL、3.00 μg/mL、5.00 μg/mL、7.00 μg/mL、9.00 μg/mL),测定其吸光度,结果表明:Pb(Ⅱ)的浓度在 0.05 ～ 8.00 μg/mL 之间,呈较好的线性关系,线性方程为:

$$A = 0.4267C + 3.8634$$

相关系数为 0.99875。根据 IUPAC 定义,测得本法对 Pb(Ⅱ)的检出限(3σ)为 3.9 ng/mL(n = 9)。相对标准偏差为 2.7%(Pb(Ⅱ):0.10 μg/mL,n = 9)。

6.1.3.5 样品测定

取井水、自来水和玉带河水,按常规方法预处理[250],调节 pH 值后,用 pH 值为 6.2 的水定容于 50 mL 比色管中,加入 0.25 g 胞外生物高聚物 BC11,按照实验方法进行吸附和解吸实验,同时做空白实验和加标回收实验,解吸液用火焰原子吸收法测定 Pb(Ⅱ)的浓度,计算水样中 Pb(Ⅱ)的含量和加标回收率。实测了井水、自来水和玉带河水中 Pb(Ⅱ)的含量,测量结果见表 6.5。

表 6.5   水样中 Pb(Ⅱ)的测定及加标回收实验(n = 5)

水样	测量值/(μg/mL)	加标量/(μg/mL)	相对标准偏差 RSD (n = 5)/(%)	回收量/(μg/mL)	回收率/%
		0.000	2.2	—	—
井水	0.023	2.000	2.1	1.950	97.55
		5.000	1.9	4.993	99.80
		0.000	1.5	—	—

续表

水样	测量值 /(μg/mL)	加标量 /(μg/mL)	相对标准偏差 RSD（n=5)/(%)	回收量 /(μg/mL)	回收率 /%
自来水	0.075	2.000	1.9	1.960	98.00
		5.000	1.9	5.000	100.00
		0.000	2.7	-	-
玉带河水	0.156	2.000	2.7	2.010	100.50
		5.000	1.8	4.946	98.95

从表 6.5 中可以看出，三种水中 Pb(Ⅱ)的含量分别为 0.023 μg/mL、0.075 μg/mL、0.156 μg/mL，本方法加标回收率在 97.55%～100.50% 之间。

6.2　胞外生物高聚物 BC11 对 Cu(Ⅱ)的吸附行为及应用研究

6.2.1　引言

自然环境中铜多数以微量形式存在，对于环境样品中铜的测定常需要进行预分离/富集。目前，对于痕量金属常用的预分离/富集材料主要有螯合树脂[251]、巯基棉[252]、活性碳[253]、海藻[254]以及壳聚糖[255]等，但这些材料都存在成本高、富集倍数低等不足，因此研究新型的分离/富集材料是分析工作者面临的课题。研究发现，胞外生物高聚物是含有大量阴离子活性基团(羧基、羟基及磺酸基等)的生物高分子物质，因其自身特殊的结构、成分和性能，对不同类型金属离子表现出强烈的亲和性，是痕量金属离子理想的分离/富集材料。

本章首次以蜡样芽胞杆菌产生的胞外生物高聚物 BC11 作为生物吸附剂，利用 SEM 和 FTIR 等测试手段对 BC11 进行了表征。研究了 BC11 对 Cu(Ⅱ)的吸附行为。以 FAAS 为检测手段，系统地研究了 BC11 对重金属离子 Cu(Ⅱ)的吸附性能，确定了最佳吸附条件和解吸条件，并探讨了

BC11 对 Cu(Ⅱ)的吸附动力学和热力学。

6.2.2 实验部分

6.2.2.1 实验仪器和试剂

1. 实验仪器

本实验使用的主要仪器如下：

(1)TAS-986 型原子吸收分光光度计(北京普析通用仪器有限责任公司)。

(2)铜空心阴极灯。

(3)WQF-400N 傅立叶变换近红外光谱仪(Thermo Electron Corporation)。

(4)S-4800 场发射扫描电子显微镜(Hitachi High，Japan)。

(5)pHS-3C 型酸度计(上海理达仪器厂)。

(6)高速冷冻离心机(Eppendorf)。

(7)DHG29140A 型电热恒温鼓风干燥箱(上海一恒科学仪器有限公司)。

(8)SHZ-D(Ⅲ)循环水式真空泵(巩义市英峪予华仪厂)。

(9)BS124S 电子天平(北京赛多利斯仪器系统有限公司)。

2. 实验试剂

Cu(Ⅱ)标准储备溶液由 $CuSO_4 \cdot 5H_2O$ 配置，标准溶液系列由 1 mg/mL 的储备溶液逐级稀释而成。所用试剂均为分析纯，实验用水为二次蒸馏水。

6.2.2.2 实验方法

1. 仪器工作条件

火焰原子吸收光谱法的工作条件如下：

(1)分析线波长，324.7 nm。

(2)灯电流，3.0 mA。

(3)燃烧器高度，8.0 mm。

(4)光谱带宽，0.4 nm。

(5)燃气流量，1800 mL/min。

2. 吸附与解吸试验

于 50 mL 比色管中加入一定量的 Cu(Ⅱ)标准溶液，以盐酸和氨水溶液调节 pH 值至 5.0，以水定容至刻度。称取 0.20 g 胞外生物高聚物 BC11加入其中，25 ℃振荡 1 h，静置 2 h 后，5000 rpm 离心 5 min，移取上层清液用 FAAS 测定 Cu(Ⅱ)的含量，计算高聚物 BC11 对 Cu(Ⅱ)的吸附率。取上述 Cu(Ⅱ)吸附完全并离心后的沉淀，溶于蒸馏水中，加入 0.1 mol/LHCl，定容到与沉淀前液体相同的体积，25 ℃振荡 1 h，静置 2 h 后离心，移取上层清液用 FAAS 测定 Cu(Ⅱ)含量，计算解脱回收率。

6.2.3 结果和讨论

6.2.3.1 扫描电镜分析

胞外生物高聚物 BC11 吸附 Cu(Ⅱ)前后的扫描电镜图如图 6.7 所示。

由图 6.7(a)可以看出，胞外高聚物 BC11 表面不平整，这种结构为吸附提供了巨大的表面积，使众多的功能团能与吸附质相接触。而吸附Cu(Ⅱ)后，如图 6.7(b)所示，由于其吸附重金属离子 Cu(Ⅱ)后，高聚物间结合力减弱，故比吸附前显得分散，在其颗粒表面有大量的片状物质存在，外表面还粘附有一些絮状或团状物，说明 Cu(Ⅱ)在胞外高聚物表面形成了金属沉积物。

6.2.3.2 红外光谱分析

胞外生物高聚物 BC11 吸附铜前后的红外谱图如图 6.8 所示。

由图 6.8 的曲线 b 可以看出，在 BC11 吸附 Cu(Ⅱ)后，缔合—OH 和—NH 的特征吸收峰在 Cu(Ⅱ)作用下从 3315/cm 偏移到 3292/cm，说明在吸附 Cu(Ⅱ)的过程中，O 原子参与了对 Cu(Ⅱ)的络合，使 O-H 的键长增加，振动峰发生红移[256]；吸附 Cu(Ⅱ)后 2926/cm 处的 CH_2 的碳氢反对称伸缩振动峰向低波数偏移 17/cm 且伸缩振动有弱化现象，1732/cm 处的

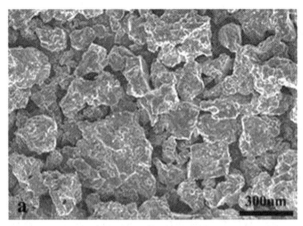

（a）吸附Cu(Ⅱ)前

（b）吸附Cu(Ⅱ)后

图6.7　胞外生物高聚物 BC11 吸附 Cu(Ⅱ)前后的扫描电镜图

C=O伸缩振动峰向低波数发生 13/cm 的漂移，胞外高聚物吸附 Cu(Ⅱ)后羧基的 C-O 伸缩振动峰发生位移，由 1440/cm 移至 1430/cm，强度也有所减弱，这是羧酸酯官能团同金属离子络合的表现，表明羧基官能团与 Cu(Ⅱ)发生了络合，导致其振动减弱[257]。1643/cm 和 1544/cm 两处谱峰主要来自蛋白质酰胺Ⅰ带和酰胺Ⅱ带，其中前者来自 C=O 的伸缩振动，后者来自 N-H 弯曲振动和 C-N 伸缩振动[258]，在高聚物吸附 Cu(Ⅱ)离子后，这两个振动峰发生漂移，且峰强减弱，有可能胞外高聚物中部分蛋白质也参与了 Cu(Ⅱ)离子的吸附。

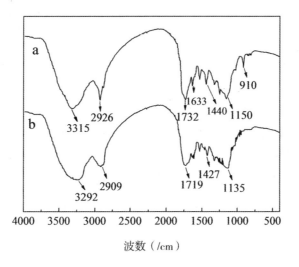

图 6.8　胞外生物高聚物 BC11 吸附铜前后的红外光谱图

6.2.3.3 吸附试验

1. pH 值对 Cu(Ⅱ)吸附率的影响

固定吸附剂用量为 0.20 g，Cu(Ⅱ)的浓度为 2 mg/L，分别考查了 pH 值为 1.0、2.0、3.0、4.0、5.0、6.0、7.0 和 8.0 时对吸附率的影响，结果如图 6.9 所示。

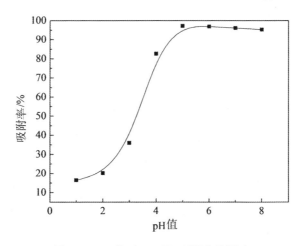

图 6.9　pH 值对 Cu(Ⅱ)吸附率的影响

胞外生物高聚物 BC11 对 Cu(Ⅱ)的吸附率随 pH 值的增大而增大，pH

值为 5.0 时，吸附率达到最大。吸附体系的 pH 值不仅影响吸附剂中吸附位点的存在状态，而且会影响金属的化学性质，如发生水解、络合、氧化还原反应和沉淀作用等。在 BC11 中有许多与 Cu(Ⅱ)离子结合的带负电荷的官能团，当溶液 pH 值较低时，位于生物高聚物表面的官能团活性位点质子化程度较高，即水合氢离子与高聚物表面的活性位点结合，阻止了 Cu(Ⅱ)离子与吸附活性位点的接触，因此对 Cu(Ⅱ)离子吸附量较小；随着 pH 值升高，高聚物表面官能团逐渐脱质子化，官能团的负电荷逐渐暴露出来，因此 Cu(Ⅱ)离子与活性位点结合量随之增加。当溶液的 pH 值过高时，在溶液中的大量 Cu(Ⅱ)离子会发生水解而影响吸附，所以选择最佳酸度为 pH 值为 5.0。

2. 胞外高聚物 BC11 投加量对 Cu(Ⅱ)吸附率的影响

按实验方法，其他条件不变，分别考查 0.05 g、0.10 g、0.15 g、0.20 g、0.25 g、0.30 g、0.40 g BC11 对 Cu(Ⅱ)吸附率的影响。结果表明，如图 6.10 所示，BC11 对 Cu(Ⅱ)的吸附率随着吸附剂加入量的增加而逐渐提高，当吸附剂用量达到 0.20 g 时，吸附率可达到 98.55 % 以上，本实验选择 BC11 的吸附用量为 0.20 g。

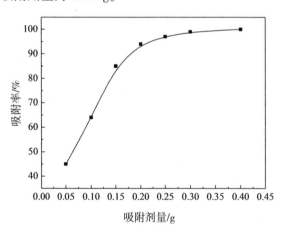

图 6.10　吸附剂投加量对 Cu(Ⅱ)吸附率的影响

3. 吸附动力学

按实验方法，分别考查在不同 Cu(Ⅱ)离子初始浓度下，不同接触时间对 Cu(Ⅱ)吸附率的影响如图 6.11 所示。

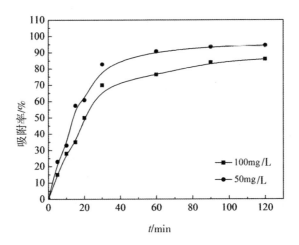

图 6.11　胞外生物高聚物对 Cu(Ⅱ) 离子吸附动力学曲线

由图 6.11 可知，BC11 对 Cu(Ⅱ) 离子的吸附出现两个阶段：初始阶段吸附速率较快，持续 30 min，这可能归因于在初始阶段高聚物表面有充足可利用的活性部位；而这些活性位点慢慢被占用后，之后的阶段吸附速率逐渐变慢。

常用于描述吸附动力学方程的数学模型有 Lagergren 准一级动力学方程、HO 准二级动力学方程和内部扩散模型[259]，线性方程式分别如下：

$$\ln(q_e - q_t) = \ln q_e - \frac{k_1}{2.303}t \tag{6.12}$$

$$\frac{t}{q_t} = \frac{1}{k_2 q_e^2} + \frac{t}{q_e} \tag{6.13}$$

$$q_t = k_p t^{0.5} + C \tag{6.14}$$

式中：

q_e——最大吸附量，mg/g；

q_t——t 时刻吸附量，mg/g；

k_1——一级吸附速率常数，g/(mg·min)；

k_2——二级吸附速率常数，g/(mg·min)；

k_p——内部扩散速度常数，mg/(g·min$^{0.5}$)。

分别以 $\ln(q_e - q_t) \sim t$、$t/q_t \sim t$ 和 $q_t \sim t^{0.5}$ 作图，进行回归分析。用三种不同动力学方程对吸附动力学数据进行拟合，结果见表 6.6。

表 6.6　胞外生物高聚物吸附 Cu(Ⅱ) 离子的动力学参数

模型	参数	初始浓度/(mg/L)	
		50	100
	$q_{m,exp}$ (mg/g)	24.18	30.06
一级动力学模型	$q_{m1,cal}$ /(mg/g)	7.58	9.93
	k_1/[g/(mg·min)]	0.064	0.061
	R^2	0.966	0.933
二级动力学模型	$q_{m2 cal}$ /(mg/g)	24.81	30.39
	k_2/[mg/(g·min)]	0.096	0.035
	R^2	0.999	0.999
内扩散模型	R^2	0.675	0.692
	k_p/[mg/(g·min$^{0.5}$)]	0.1732	0.4178
	C	22.801	26.700

符合一级反应动力学通常被认为是物理吸附，整个过程为扩散控制的步骤；而二级反应动力学是化学吸附过程，吸附剂和被吸附物通过共用电子对，电荷交换来达到化学吸附的过程，因此在多数情况下，二级速率方程一般可以在整个吸附过程中适用，符合二级速率方程的吸附机理一般为速率控制[260,261]。从表 6.6 结果可知，Cu(Ⅱ) 在胞外生物高聚物 BC11 上的吸附动力学符合 HO 准二级动力学方程(R^2均大于 0.999)，且经二级动力学模型拟合所得的理论吸附量与实验值也较吻合。胞外生物高聚物 BC11 对 Cu(Ⅱ) 的吸附符合二级反应动力学，是个化学吸附过程，整个过程为化学吸附控制的过程。

4. 吸附等温线

在一系列 50 mL 比色管中分别加入浓度为：5 mg/L、10 mg/L、30 mg/L、50 mg/L、100 mg/L、150 mg/L、200 mg/L、250 mg/L、300 mg/L、350 mg/L、400 mg/L、450 mg/L、500 mg/L 的 Cu(Ⅱ)，调节 pH 值为 5.0，在 25 ℃下按实验方法进行吸附实验，计算其吸附容量 q(mg/g)。

$$q = \frac{(C_0 - C_e)V}{m} \qquad (6.15)$$

式中：

C_0——Cu(Ⅱ) 的初始浓度，mg/L；

C_e——Cu(Ⅱ)吸附平衡时的浓度，mg/L;

V——Cu(Ⅱ)溶液的体积，L;

m——吸附剂的量，g。

不同温度下 Cu(Ⅱ)离子的吸附等温线如图 6.12 所示。

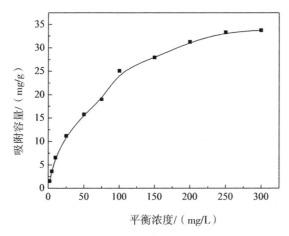

图 6.12　不同温度下 Cu(Ⅱ)离子的吸附等温线

从图 6.12 可以看出，单位生物高聚物 BC11 对 Cu(Ⅱ)的吸附量随着溶液初始浓度的增加而增加，表明此阶段 BC11 上的吸附位点未处于饱和状态，随着离子浓度的增加静电引力也逐渐增加，离子易占据吸附点位；当溶液浓度大到一定程度时，离子间的斥力占主导作用，吸附位点趋于饱和，吸附量的增加就会越来越小，在曲线上的表现就是斜率越来越小。

Langmuir 等温线和 Freundlich 等温线是应用最为广泛的两种等温吸附数学模型，其表达式分别为方程(6.16)和方程(6.17)。

$$\frac{C_e}{q_e} = \frac{1}{(q_m K_L)} + \frac{C_e}{q_m} \qquad (6.16)$$

$$\ln q_e = 1/n(\ln C_e) + \ln K_f \qquad (6.17)$$

式中:

q_e——平衡吸附容量，mg/g;

C_e——吸附达平衡后 Cu(Ⅱ)的平衡浓度，mg/L;

q_m——饱和吸附容量，mg/g;

K_L、K_f 和 n ——均为常数。

q_m 和 K_L 值可以由 $1/q_{eq} \sim 1/C_{eq}$ 图的拟合直线方程得到；常数 n 和 K_f 可

以由 $\ln q_{eq} \sim \ln C_{eq}$ 图的拟合直线方程得到。

根据图 6.12 中数据，分别用方程式拟合所得参数见表 6.7。

表 6.7　Cu(Ⅱ)离子的吸附等温模型参数对比

$T\,℃$	Langmuir constants				Freundlich constants		
25	$q_{m,exp}/(mg/g)$	$q_{m,cal}/(mg/g)$	$K_L/(L/mg)$	R^2	K_f	n	R^2
	33.77	36.98	0.0223	0.997	1.412	2.640	0.923

由表 6.7 可看出，本研究中，Langmuir 模型拟合的 R^2 分别大于 0.99，且根据 Langmuir 吸附等温模型拟合所得的吸附容量理论值与实验值较吻合。据此推断，胞外生物高聚物 BC11 对 Cu(Ⅱ)的吸附平衡能较好地用 Langmuir 模型来描述，因此，高聚物 BC11 对 Cu(Ⅱ)的吸附主要是单分子层吸附，计算得到的最大单分子层吸附量为 36.98 mg/g。此外，由 Freundlich 模型拟合得到的 n 值大于 1，说明在研究范围内均为优惠吸附过程。

6.2.3.4 解脱条件的确定

从图 6.9 可以看出强酸条件下有利于 Cu(Ⅱ)的解脱，选择 HCl 作为解脱剂，按实验方法进行吸附和解脱试验，25 ℃ 条件下，分别考察了 0.02 mol/L、0.05 mol/L、0.10 mol/L、0.50 mol/L、1.00 mol/L、2.00 mol/L 等不同浓度的 HCl 溶液对 Cu(Ⅱ)的回收率的影响，实验结果表明，Cu(Ⅱ)的回收率随着 HCl 浓度的不断增加而逐渐提高，当 HCl 浓度超过 0.10 mol/L 时，Cu(Ⅱ)的回收率可达 96.68% 以上。故本实验选择 0.10 mol/L HCl 作为 Cu(Ⅱ)的解脱剂。

按实验方法，其他条件不变，分别考查了 5 mL、8 mL、10 mL、15 mL、20 mL、25 mL 等不同体积的 0.10 mol/L HCl 对 Cu(Ⅱ)回收率的影响，结果表明：随着 HCl 体积不断增加，Cu(Ⅱ)的回收率不断增大，当 HCl 的体积达到 15 mL 时，Cu(Ⅱ)的回收率达到 97.47%。考虑富集倍数和充分解脱等因素，本实验选择 0.10mol/L HCl 15 mL 作为解脱体积。

6.2.3.5 共存离子的影响

固定胞外生物高聚物 BC11 用量 0.20 g，对于 1.0 μg/mL 的 Cu(Ⅱ)，下列离子不干扰测定(μg/mL，$RSD \leqslant \pm 5\%$)：Na^+(3000)；K^+，Ca^{2+}，Mg^{2+}

（1000）；Al^{3+}（300）；Pb^{2+}，Hg^{2+}（200）；Fe^{3+}，Fe^{2+}（30）。

6.2.3.6 校准曲线、方法的检出限和精密度

经考查，Cu(Ⅱ) 的浓度在 0.1～2.0 μg/mL 范围内线性良好，线性方程为 $Y = 0.7501 X(\mu g/mL) + 0.2019$，相关系数 $r = 0.99981$，对空白溶液连续测得 6 次，计算空白溶液的标准偏差（σ），测得本法对 Cu(Ⅱ) 的检出限（3σ）为 22.0 ng/mL；相对标准偏差为 2.6%（0.1μg/mL，$n = 6$）。

6.2.3.7 分析应用

取井水或长江水按常规方法预处理，调节 pH 值后，转移至 50 mL 比色管中，用 pH 值为 5.0 的水定容后，按照实验方法进行吸附和解吸试验，同时做空白试验和加标回收试验，解吸液用火焰原子吸收法测定 Cu(Ⅱ) 的浓度，计算水样中 Cu(Ⅱ) 的含量和加标回收率，结果见表 6.8。

表 6.8　环境水样中 Cu(Ⅱ) 离子的测定及加标回收率（$n=5$）

水样	测定值 /(μg/mL)	相对标准差 RSD(%)	加标量 /μg	回收量 /μg	回收率 /%
井水	0.21	1.3	5.00	4.75	95.40
玉带河水	0.32	1.5	5.00	5.05	101.00
长江水	0.34	1.8	5.00	4.85	97.20

6.3　本章小结

本章以蜡样芽胞杆菌（*Bacillus cereus*）产生的胞外生物高聚物 BC11 为生物吸附剂，并利用 BC11 分离/富集水溶液中的 Pb(Ⅱ)。采用 IR 和 SEM 对吸附 Pb(Ⅱ) 前后的胞外生物高聚物进行了表征，探讨了可能的吸附机理。运用 FAAS 法探讨了酸度、吸附剂用量、接触时间和 Pb(Ⅱ) 离子初始浓度对吸附行为的影响。在实验条件范围内，Pb(Ⅱ) 在胞外生物高聚物上的吸附动力学和吸附热力学分别符合二级动力学模型和 Langmuir 吸附等温方程。在 pH 值为 6.2、吸附剂用量为 5.0 g/L、温度 30 ℃ 的条件下，最大单分子层吸附容量为 41.33 mg/g。洗脱实验表明，被吸附的 Pb(Ⅱ) 可用 0.50 mol/L 的硝酸定量洗脱，Pb(Ⅱ) 的回收率达到 97.50%。在优化的实

验条件下，实测了井水、自来水和玉带河水中 Pb(Ⅱ)的含量，加标回收率为 97.55%～100.50%。

利用扫描电子显微镜(SEM)和傅里叶变换红外光谱(FTIR)对吸附 Pb(Ⅱ)前后的胞外生物高聚物进行了表征，探讨了此胞外高聚物对 Pb(Ⅱ)的吸附机理。研究发现，高聚物有机官能团中的羟基、氨基、羧基和 C-O-C 是胞外高聚物与 Pb(Ⅱ)离子发生络合作用的主要官能团。

本章利用火焰原子吸收光谱法研究了胞外生物高聚物 BC11 对 Cu(Ⅱ)的吸附行为。借助于 SEM、FTIR 对吸附铅前后的胞外生物高聚物 BC11 的结构进行了表征，并探讨了可能的吸附机理，考查了影响吸附和解吸的主要因素及吸附过程的热力学和动力学性能，Cu(Ⅱ)在 BC11 上的吸附动力学和吸附热力学分别符合二级动力学模型和 Langmuir 吸附等温方程，表明此吸附为单分子层吸附。对吸附过程的动力学行为的考查结果表明其化学吸附。在优化的实验条件下，本法用于环境水样中 Cu(Ⅱ)的测定，回收率在 95.40%～101.00%之间。结果表明：所提出的新方法具有稳定性好、吸附和解吸性能好的特点，适用于环境水样中 Cu(Ⅱ)的分离、富集和测定。

第 **7** 章

结论/创新点及进一步工作建议

7.1 结论

本书主要研究了高絮凝活性胞外生物高聚物产生菌的筛选、分离和鉴定；高絮凝活性胞外生物高聚物 PFC02 和 BC11 的制备、表征和成分分析；胞外生物高聚物 PFC02 对环境中重金属污染物 Cd(Ⅱ)和 Ni(Ⅱ)的吸附行为；胞外高聚物 BC11 固相萃取分离/富集 Pb(Ⅱ)和 Cu(Ⅱ)。初步探讨了胞外生物高聚物 PFC02 和 BC11 分离/富集环境中金属污染物的可能机理，详细考查了 pH 值、吸附剂用量、富集时间、金属污染物初始浓度、解脱剂种类等因素对胞外生物高聚物 PFC02 和 BC11 分离/富集金属污染物的影响，优化出最佳分离/富集及测定条件，探讨了吸附分离过程中的热力学、动力学性能，考查了饱和吸附容量和吸附剂再生性能，主要结论如下。

7.1.1 高絮凝活性胞外生物高聚物产生菌的筛选、分离和鉴定

本书通过初筛和复筛从土壤、污水厂污水和玉带河水中分离得到两株高絮凝活性胞外生物高聚物产生菌 C-2 和 B-11。通过观察细菌的菌落形态和菌体形态、生理生化指标的测定以及 16SrDNA 的测序，对 C-2 和 B-11 分别进行了鉴定。结果分别为荧光假单胞菌(*Pseudomonas fluorescens*)和蜡样芽胞杆菌(*Bacillus cereus*)。通过研究菌 *Pseudomonas fluorescens* 和 *Bacillus cereus* 的发酵液、去菌细胞上清液、菌细胞悬液对高岭土的絮凝率，结果发现，菌株 *Pseudomonas fluorescens* 和 *Bacillus cereus* 的胞外生物高聚物具有高絮凝活性。

7.1.2 胞外生物高聚物 PFC02 的制备、表征和成分分析

通过单因素实验和正交实验优化了产生菌 *Pseudomonas fluorescens* C-2

产生胞外生物高聚物 PFC02 的最佳培养条件：糖蜜废水浓度为 10000 mg/L
（以 COD$_{Cr}$ 表示），培养基初始 pH 值为 7.0，接种量为 2.5 mL/50 mL，培养
温度为 30 ℃，摇床转速为 150 rpm。通过呈色反应、硅胶薄层色谱分析、
紫外光谱分析和红外光谱分析发现所制备的胞外生物高聚物 PFC02 主要絮
凝活性成分是多糖。

7.1.3 胞外生物高聚物 PFC02 对环境中重金属污染物的吸附行为

（1）本书采用胞外生物高聚物 PFC02 对溶液中的 Cd（Ⅱ）进行吸附试
验。研究了吸附时间、高聚物 PFC02 用量和 pH 值等方面对其吸附规律的
影响。结果表明：胞外生物高聚物 PFC02 能有效的富集/分离 Cd（Ⅱ）离
子。Langmuir 等温方程和准二级动力学方程能较好地描述生物高聚物
PFC02 吸附 Cd（Ⅱ）的热力学及动力学过程，最大单分子层吸附量为
40.16 mg/g。在优化的实验条件下，本方法用于环境水样中 Cd（Ⅱ）的测定，
相对标准偏差为 1.6%～2.5%，加标回收率为 96.62%～102.50%。

（2）本书运用 ICP-AES 法研究了胞外生物高聚物 PFC02 吸附 Ni（Ⅱ）
的平衡、动力学特征。结果表明，吸附动力学数据符合准二级动力学方
程，限速步骤是化学吸附过程。平衡实验数据符合 Langmuir 等温吸附模
型。平衡吸附量随着温度的升高而降低，表明 PFC02 吸附 Ni（Ⅱ）为放热
过程，可以自发进行。在 25 ℃时最大单分子层吸附量为 88.49 mg/g。

（3）本书运用 SEM-EDX 和 FTIR 等表征手段对胞外生物高聚物 PFC02
吸附 Cd（Ⅱ）和 Ni（Ⅱ）的吸附机理进行研究，结果表明，PFC02 对 Cd（Ⅱ）
的吸附存在离子交换作用和 PFC02 中羟基、氨基、羧基等活性基团与
Cd（Ⅱ）离子的络合作用；PFC02 对 Ni（Ⅱ）的吸附机理是胞外生物高聚物对
Ni（Ⅱ）的微沉淀成晶作用以及 PFC02 有机官能团中的羟基、氨基、羧基和
C-O-C 与 Ni（Ⅱ）离子发生络合作用。

7.1.4 胞外生物高聚物 BC11 的制备、表征和成分分析

(1)本书以筛选出的高效产胞外生物高聚物蜡样芽胞杆菌(*Bacillus cereus*)为试验菌株,采用单因素实验方法确定最佳碳源为葡萄糖,最佳氮源为黄豆饼粉。采用正交实验设计方法,优化出该菌产高絮凝性胞外生物高聚物的最佳培养条件:碳源为葡萄糖(18.0 g/L),氮源为黄豆饼粉(3.5 g/L),培养温度为 30 ℃,培养基初始 pH 值为 8.0,通气量为160 rpm。

(2)通过多糖、蛋白质呈色反应结果显示此胞外生物高聚物含有多糖和蛋白质。通过定量分析此胞外高聚物中多糖和蛋白质含量分别为 80.70% 和 19.10%。红外光谱分析发现所制备的胞外生物高聚物含有大量的阴离子活性基团(氨基、羟基、羧基等)。SEM 表征发现胞外高聚物的表面粗糙、凹凸不平并具有多孔结构,具有较大的比表面积,多孔结构为吸附提供了良好的空间结构。

7.1.5 胞外生物高聚物 BC11 固相萃取分离/富集金属污染物的研究

(1)本书利用 BC11 分离/富集水溶液中的 Pb(Ⅱ)。采用 IR 和 SEM 对吸附 Pb(Ⅱ)前后的胞外生物高聚物进行了表征,探讨了可能的吸附机理。运用 FAAS 法探讨了酸度、吸附剂用量、接触时间和 Pb(Ⅱ)离子初始浓度对吸附行为的影响。在实验条件范围内,Pb(Ⅱ)在胞外生物高聚物上的吸附动力学和吸附热力学分别符合二级动力学模型和 Langmuir 吸附等温方程。FTIR 研究发现,高聚物有机官能团中的羟基、氨基、羧基和 C—O—C 是胞外高聚物与 Pb(Ⅱ)离子发生络合作用的主要官能团。在 pH 值为 6.2、吸附剂用量为 5.0 g/L、温度为 30 ℃ 的条件下,最大单分子层吸附容量为 41.33 mg/g。洗脱实验表明,被吸附的 Pb(Ⅱ)可用 0.50 mol/L 的硝酸定量洗脱,Pb(Ⅱ)的回收率达到 97.50%。在优化的实验条件下,实测了井水、自来水和玉带河水中 Pb(Ⅱ)的含量,加标回收率为 97.55%~100.50%。

(2)本书利用火焰原子吸收光谱法研究了胞外生物高聚物 BC11 对 Cu(Ⅱ)的吸附行为。借助于 SEM、FTIR 对吸附铜前后的胞外生物高聚物 BC11 的结构进行了表征，并探讨了可能的吸附机理，考查了影响吸附和解吸的主要因素及吸附过程的热力学和动力学性能，Cu(Ⅱ)在 BC11 上的吸附动力学和吸附热力学分别符合二级动力学模型和 Langmuir 吸附等温方程，表明此吸附为单分子层吸附。对吸附过程的动力学行为的考察结果表明其化学吸附。在优化的实验条件下，本方法用于环境水样中 Cu(Ⅱ)的测定，回收率在 95.40%～101.00%之间。结果表明：所提出的新方法具有稳定性好、吸附和解吸性能好等特点，适用于环境水样中 Cu(Ⅱ)的分离/富集和测定。

7.2 创新点

(1)以糖蜜废水取代葡萄糖作为碳源培养 *Pseudomonas fluorescens* C-2，制备胞外生物高聚物 PFC02。将胞外生物高聚物 PFC02 应用于对重金属的分离/富集，从吸附容量、吸附条件、再生效果等多个方面考查了胞外生物高聚物 PFC02 分离/富集环境水样中金属污染物的可行性和应用推广价值。运用 SEM-EDX 和 FTIR 等表征手段探讨了生物高聚物 PFC02 对金属污染物的吸附机理。为胞外生物高聚物未来在环境领域有效分离/富集环境金属污染物提供了理论和实践依据。

(2)以葡萄糖和黄豆饼粉分别为碳源和氮源培养菌株 *Bacillus cereus*，将制的胞外生物高聚物 BC11 应用于环境中重金属离子的分离/富集，研究了生物高聚物对环境中重金属污染物的吸附行为和分离/富集机理。实现了生物高聚物固相萃取材料预分离/富集重金属污染物与仪器分析方法的联用，建立了环境样品中痕量/超痕量重金属污染物仪器分析新方法。

(3)研究了胞外生物高聚物分离/富集环境中金属污染物的热力学、动力学性质，有助于实现吸附机理研究和吸附模型建立的技术创新和突破。

7.3 进一步工作建议

由于受到实验设备、资金和时间的限制，本书尚存不足，研究还需要进一步从以下几方面加以补充和完善。

（1）从生产工艺的角度出发，选用廉价的工业废料作为培养基以降低培养基配置成本，建立高效生化反应器，优化培养运行条件，不断探索新工艺新方法，使具有吸附性能的胞外生物高聚物的生产真正实现产业化水平。

（2）从分子生物学的角度深入研究具有吸附性能胞外生物高聚物的遗传基因，运用基因工程和生物技术对胞外高聚物产生菌进行遗传学改造，定向选育出能产生高吸附性能、选择性吸附的胞外高聚物的基因工程菌。

（3）进一步优化工艺条件，最大程度地优化胞外生物高聚物用作固相萃取剂的分离/富集性能。工作中提出了胞外生物高聚物可能的吸附机理，但是分子水平研究与吸附机理还有待进一步利用更多的实验、表征手段和理论进行完善。

（4）进一步拓展胞外生物高聚物作为固相萃取剂在放射性金属元素、稀土元素等领域的应用；进一步加快理论向实际的转化步伐，开发出功能齐全、应用条件可控的产品，以满足不同应用领域的要求。

参考文献

［1］ Zheng Y, Ye Z L, Fang X L, et al. Production and characteristics of a bioflocculant produced by Bacillus sp. F19 ［J］. Bioresource Technology, 2008, 99: 7686-7691.

［2］ De Schryver P, Crab R, Defoirdt T, et al. The basics of bio-flocs technology: The added value for aquaculture ［J］. Aquaculture, 2008, 277: 125-137.

［3］ Gong W X, Wang S G, Sun X F, et al. Bioflocculant production by culture of Serratia ficaria and its application in wastewater treatment ［J］. Bioresource Technology, 2008, 99: 4668-4674.

［4］ Shimizu N. and Odawara Y. Floc forming bacteria from activated sludge in high BOD loading treatment ［J］. J. Ferment. Technol., 1985, 63: 67-71.

［5］ Gauri S S, Mandal S M, Mondal K C, et al. Enhanced production and partial characterization of an extracellular polysaccharide from newly isolated Azotobacter sp. SSB81 ［J］. Bioresource Technology, 2009, 100: 4240 -4243.

［6］ Kurane R, Nohata Y. Microbial flocculation of waste liquid and oil emulsion by a bioflocculant fromfluorescens Lotus ［J］. Agric. Biol. Chem., 1991, 55(4): 1127-1129.

［7］ Yuka I, et al. Structural study of an exocellular polysaccharide of Bacillus circulans. Biosci. Biotech. Biochem. ［J］. 1997, 61(3): 520-524.

［8］ Sik N. et al. Bacterial exopolysaccharides-their nature and production. Biosci. Biotech. Biochem. ［J］. 1996, 60(2): 325-327.

［9］ Sub H. H., Kwon G. S., et al. Characterization of bioflocculant produced by Bacillus sp. DP-152 ［J］. Journal of Fermentation and Bioengineering, 1997, 84(2): 1118-1126.

[10] Hung C C, Santschi P H, Gillow J B. Isolation and characterization of extracellular polysaccharides produced by Pseudomonasfluorescens C-2s Biovar II [J]. Carbohydrate Polymers, 2005, 61: 141-147.

[11] Kurane R, Nohata Y. A new water-absorbing polysaccharide fromfluorescens latus [J]. Biosci. Biotech. Biochem., 1994, 58(1): 235-238.

[12] Subhashree Pradhan, Sarita Singh, Lal Chand Rai. Characterization of various functional groups present in the capsule of Microcystis and study of their role in biosorption of Fe, Ni and Cr [J]. Bioresource Technology, 2007, 98: 595-601.

[13] Koizumi J I, Taketa M, Mori T. Extracellular product of Nocardia amarae induces bacterial cell flocculant [J]. Microbiol. Lett., 1989, 57: 61-64.

[14] Napoli C, Dazzo F, Hubbell D. Production of cellulose microfibrils by Rbizobium [J]. Applied Microbiology, 1975, 30(1): 123-131.

[15] He N, Li Y, Chen J. Production of a novel polygalacturonic acid bioflocculant REA-11 by Corynebacterium glutamicum [J]. Bioresource Technology, 2004, 94: 99-105.

[16] Wen-Yu Lu, Tong Zhang, Dong-Yan Zhang, et al. A novel bioflocculant produced by Enterobacter aerogenes and its use in defecating the trona suspension [J]. Biochemical Engineering Journal, 2005, 27: 1-7.

[17] Goto A, Kunioka M. Biosynthesis and hydrolysis of poly (glutamic acid) from Bacilluss ubtilis [J]. Biosci. Biotech. Biochem., 1992, 56: 1031-1038.

[18] Sakka K. DNA as a flocculation factor in Pseudomonas sp. [J]. Agric. Biol. Chem., 1981, 45(12): 2869-2876.

[19] Goodwin J A S, Forster C F. A further examination into the composition of activated sludge surfaces in relation to their settling characteristics [J]. Wat. Res., 1985, 19: 527-533.

[20] Takeda M, Kurane R, Koizumi J, et al. A protein bioflocculant produced by Rhodococcus erythropolis [J]. Agric. Biol. Chem., 1991,

55: 2663-2664.

[21] Kurane R, Hatamochi K, Kakuno T, et al. Purification and characterization of liquid bioflocculant produced by Rhodococcus erythropolis [J]. Biosci. Biotechnol. Biochem., 1994, 58: 1977-1982.

[22] 杜伟, 孙宝盛, 吕英. 胞外聚合物对 Cu^{2+}、Cr^{3+} 和 Ni^{2+} 的吸附性能研究 [J]. 中国给水排水. 2007, 23(13): 98-101.

[23] Zhang Y, Fang X L, Ye Z L, et al. Biosorption of Cu(II) on extracellular polymers from *Bacillus* sp. F19 [J]. Journal of Environmental Sciences, 2008, 20: 1288-1293.

[24] Sagar P, Mal D, Singh R P. Synthesis, characterization and flocculation characteristics of cationic glycogen: A novel polymeric flocculant [J]. Colloids and Surfaces A: Physicochem. Eng. Aspects, 2006, 289: 193 -199.

[25] Yang Z H, Huang J, Zeng G M, et al. Optimization of flocculation conditions for kaolin suspension using the composite flocculant of MBFGA1 and PAC by response surface methodology [J]. Bioresource Technology, 2009, 100: 4233-4239.

[26] Mukhopadhyay M, Noronha S B, Suraishkumar G K. Kinetic modeling for the biosorption of copper by pretreated Aspergillus niger biomass [J]. Bioresource Technology, 2007, 98: 1781-1787.

[27] Arica M Y, Arpa C, Ergene A, et al. Ca-alginate as a support for Pb (II) and Zn(II) biosorption with immobilized Phanerochaete chrysosporium [J]. Carbohydrate Polymers, 2003, 52, 167-174.

[28] Veglio F, Esposito A, Reverberi A P. Copper adsorption on calcium alginate beads: equilibrium pH - related models [J]. Hydrometallurgy, 2002, 65: 43-57.

[29] Zhang Z Q, Lin B, Xia S Q, et al. Production and application of a novel bioflocculant by multiple - microorganism consortia using brewery wastewater as carbon source [J]. Journal of Environmental Sciences, 2007, 19: 667-673.

[30] Y. Yus Azila, M. D. Mashitah, S. Bhatia. Process optimization studies

of lead（Pb（Ⅱ））biosorption onto immobilized cells of Pycnoporus san-guineus using response surface methodology ［J］. Bioresource Technology, 2008, 99: 8549-8552.

［31］ 江锋，黄晓武，胡勇有. 胞外生物高聚物絮凝剂的研究进展 ［J］. 给水排水，2002, 28(18): 83-89.

［32］ Tamer Akar, Sibel Tunali. Biosorption characteristics of Aspergillus flavus biomass for removal of Pb（Ⅱ）and Cu（Ⅱ）ions from an aqueous solution ［J］. Bioresource Technology, 2006, 97: 1780-1787.

［33］ Kurane R. Correlation between flocculant production and morphological changes in Rhodococcus erythropolis S-1 ［J］. Fer. ment. Bioengin, 1991, 72(6): 495-500.

［34］ Ganesh Kumar C, Joo H S, Kavali R, et al. Characterization of an ex-tracellular biopolymer flocculant from a haloalkalophilic Bacillus isolate ［J］. World Journal of Microbiology & Biotechnology, 2004, 20: 837-843.

［35］ Mishra S, Doble M. Novel chromiumtolerant microorganisms: Isolation, characterization and their biosorption capacity ［J］. Ecotoxicology and En-vironmental Safety, 2008, 71: 874-879.

［36］ Toeda K. Microflocculant form igenes cupids KT201 ［J］. Agric. Bio. l Chem, 1991, 55(11): 2793-2799.

［37］ Kurane R. Production of bioflocculant by Rhodococcus erythropolis S-1 grown on alcohols ［J］. Biosc. i Biotch. Bio-chem, 1994, 58(2): 426-429.

［38］ Davis T A, Volesky B, Mucci A. A review of the biochemistry of heavy metal biosorption by brown algae［J］. Water Research, 2003, 37: 4311-4330.

［39］ 邓述波，胡筱敏，罗茜. 高效生物絮凝剂的培养条件及特性 ［J］. 东北大学学报(自然科学版)，1999, 20(5): 525-528.

［40］ You Y, Ren N Q, Wang A J., et al. Use of waste fermenting liquor to produce bioflocculants with isolated strains ［J］. International journal of hydrogen energy, 2008, 33: 3295-3301.

［41］何宁，李寅，陆茂林，等. 营养和环境条件对生物絮凝剂合成的影响 ［J］. 应用与环境生物学报，2001，7(5)：483-488.

［42］朱丹，冯贵颖，呼世斌. 微生物絮凝剂产生菌的筛选及培养条件优化 ［J］. 水处理技术，2006，32(9)：76-78.

［43］Endo T, Nakamura K, Takahasni H. Pronase-susceptiple floc-forming bacteria：relationship between flocculation and calcium iron ［J］. Agri. Biol. Chem . 1996, 40：2289-2295.

［44］奕兴社，王桂宏，于伟正，等. 微生物絮凝剂产生菌节杆菌 LF-Tou2 的培养和絮凝条件研究 ［J］. 现代化工，2004(6)：43-47.

［45］Sangeeta Choudhary, Pinaki Sar. Characterization of a metal resistant Pseudomonas sp. isolated from uranium mine for its potential in heavy metal（ Ni^{2+} , Co^{2+} , Cu^{2+} , and Cd^{2+} ）sequestration ［J］. Bioresource Technology, 2009, 100：2482-2492.

［46］Fujita M, Ike M, Tachibana S, et al. Characteriza-tion of a bioflocculant produced by Citrobacter sp. TKF04 from acetic and propionic acids ［J］. Journal of Bioscience and Bioengineering, 2000, 89(1)：40-46.

［47］朱艳彬，冯星，杨基先，等. 复合型生物絮凝剂产生菌筛选及絮凝机理研究 ［J］. 哈尔滨工业大学学报，2004，(6)：759-762 .

［48］马放，刘俊良，李淑更. 复合型微生物絮凝剂的开发 ［J］. 中国给水排水，2003，19(4)：1-4.

［49］龙文芳，李小明，曾光明，等. 烟曲霉絮凝剂产生菌的替代培养基的研究 ［J］. 生物技术，2004，14(4)：52-54.

［50］黄民生，沈荣辉，夏觉，等. 微生物絮凝剂研制和废水净化研究 ［J］. 上海大学学报，2001，7(3)：244-246.

［51］周旭，王竟，周集体，朱晓兵. 利用废弃物生产生物絮凝剂研究 ［J］. 化工装备技术，2003，24(4)：48-51.

［52］李剑，王曙光，高宝玉，等. 利用乳品废水生产微生物絮凝剂及其应用研究 ［J］. 环境工程，2004(6)：93-95 .

［53］刘立凡，梅胜，郭晶，等. 利用糖蜜废液培养微生物絮凝剂 ［J］. 广东工业大学学报，2008，25 (2)：13-16.

［54］ Nadavala S K, Swayampakula K, Boddu V M, et al . Biosorption of phenol and o-chlorophenol from aqueous solutions on to chitosan-calcium alginate blended beads ［J］. Journal of Hazardous Materials, 2009, 162: 482-489.

［55］ Nakamura J, Miyashiro S, Hirose Y. Purification and chemical analysis of microbial cell flocculant produced by Aspergillus sojae AJ-7002 ［J］. Agric Biol Chem 1976c, 40: 619-624.

［56］ Deng S B, Yu G, Ting Y P. Production of a bioflocculant by Aspergillus parasiticus and its application in dye removal ［J］. Colloids and Surfaces B: Biointerfaces, 2005, 44, (4): 179-186.

［57］ Suh H, Kwon G, Lee C, et al. Characterization of bioflocculant produced by *Bacill us* sp. DP-152 ［J］. Journal of Fermentation and Bio-engineering, 1997, 184 (2): 108-112.

［58］ Dermlim W, Prasertsan P, Doelle H. Screening and characterization of bioflocculant produced by isolated *Klebsiella* sp. ［J］. Applied Microbiology and Biotechnology, 1999, 52 (5): 698-703.

［59］ Nakata K, Kurane R. Production of an extracellular polysaccharide bioflocculant by *Klebsiella pneumoniae* ［J］. Bioscience Biotechnol Biochem (JAPAN), 1999, 63 (12): 2064-2068.

［60］ Salehizadeh H, Vossoughi M, Alemzadeh I. Some investigations on bioflocculant producing bacteria ［J］. Biochemical Engineering Journal, 2000, 5: 39-44.

［61］ Shih I L, Van Y T, Yeh L C, *et al* . Production of a biopolymer flocculant from *Bacill us lichenif ormis* and its flocculation properties ［J］. Bioresource Technology, 2001, 78: 267-272.

［62］ 陈欢, 张建法, 蒋鹏举, 等. 微生物絮凝剂 SC06 的化学组成和特性 ［J］. 环境化学, 2002, 21(4): 360-364.

［63］ Umrania Valentina V. Bioremediation of toxic heavy metals using acido-thermophilic autotrophes ［J］. Bioresource Technology, 2006, 97: 1237-1242.

［64］ Zang J, Liu Z, Wang S, et al . Characteristics of a bioflocculant produced by the marine myxobacterium Nannocystis sp. NU-2 [J]. Appl Microbiol Biotechnol, 2002, 59: 517-522.

[65] He N, Li Y, Chen J, et al. Identification of a novel bioflocculant from a newly isolated *Corynebacteri um gl utamicum* [J]. Biochemical Engineering Journal, 2002, 11: 137-148.

[66] Deng S B, Bai R B, Hu X M, Luo Q. Characteristics of a bioflocculant produced by *Bacill us mucilagi nosus* and its use in starch wastewater treatment [J]. Appl Microbiol Biotechnol, 2003, 60: 588-593.

[67] Nair Lakshmi S, Laurencin Cato T. Biodegradable polymers as biomaterials [J]. Prog. Polym. Sci., 2007, 32: 762-798.

[68] Kurane R. Screening for and characteristics of microbial flocculants [J]. Agri Biol Chem, 1986, 50(9): 2301-2307.

[69] Kurane R, Environmentally friendly products and processes for the 21st century [J]. Studies in Environmental Science, 1997, 66, 759-769.

[70] Takagi H, et al. Flocculant production by *paecilomyces sp*. Taxonomic studies and culture condition by *Paecilomyces* [J]. Agric. Biol. Chem., 1985, 49 (11): 3151-3157.

[71] 周维芝, 李伟伟, 张玉忠, 等. 深海适冷菌 Pseudoalteromonas sp. SM9913 胞外多糖对 Pb^{2+} 和 Cu^{2+} 的吸附性能研究 [J]. 环境科学, 2009, 30(1): 200-205.

[72] 熊芬, 胡勇有, 银玉容. 烟曲霉胞外聚合物对 Pb^{2+} 的吸附特性 [J]. 环境科学学报, 2009, 29 (11): 2289-2294.

[73] 李建宏, 曾昭琪, 薛宇鸣, 等. 极大螺旋藻富集重金属机理的研究 [J]. 海洋与湖沼, 1998, 29 (3): 275-278.

[74] Tsezos M, Volesky B. The mechanism of thorium biosorption by rhizopus -arrhizus [J]. Biotechnol. And Bioeng., 1982, 24 (4): 955-969.

[75] Guibal E, Roulph C, Cloirec P L. The effect of medium on adsorption of uranyl ion by crosslinked chitosan resin [J]. Environ. Sci. Technol., 1995, 29: 2496-2504.

[76] J. M. Tobin. Development of Multimetal Binding Model and Application to Binary Metal Biosorption onto Peat Biomass [J]. Water Research.

2003, 37(16)：3976-3977.

[77] 何宝燕，尹华，彭辉，等. 酵母菌吸附重金属铬的生理代谢机理及细胞形貌分析 [J]. 环境科学，2007，28(1)：194-198.

[78] 孙道华，李清彪，凌雪萍，等. 气单胞菌 SH10 吸附银离子机制的研究 [J]. 环境科学学报，2006，26 (7)：1107-1110.

[79] Hosea M, Greene B, McPherson R, et al. Accumulation of elemental gold on the alga chlorella - vulgaris [J]. Inorganica Chimica Acta, 1986, 123 (3)：161-165.

[80] Greene B, Hosea M, Mcpherson R, et al. Interaction of gold I and gold III complexes with algal biomass [J]. Environ. Sci. Technol., 1986, 20 (6)：627-632.

[81] 刘瑞霞，汤鸿霄. 重金属的生物吸附机理及吸附平衡模式研究 [J]. 化学进展，2002，14(2)：87-92.

[82] 曾景海，齐鸿雁，杨建州，等. 重金属抗性菌 Bacillus cereus HQ-1 对银离子的生物吸附-微沉淀成晶作用 [J]，环境科学，2008，29 (1)：225-230.

[83] BrownM J, Lester J N. Metal removal in activated sludge：The role of bacterial extracellular polymers [J]. Water Res, 1979, 13：817-837.

[84] Guibaud G, van Hullebusch E, Bordas F. Lead and cadmium biosorption by extracellular polymeric substances (EPS) extractedfrom activated sludges：pH-sorption edge tests and mathematical equilibrium modelling [J]. Chemosphere, 2006, 64：1955-1962

[85] Pérez J A M, García-Ribera R, Quesada T, et al. Biosorption of heavy metals by the exopolysaccharide p roduced by Paenibacillus jamilae [J]. World J Microbiol Biotechnol, 2008, 24：2699-2704.

[86] King P, Rakesh N, Beenalahari S, et al. Removal of lead from aqueous solution using Syzygium cumini L.：Equilibrium and kinetic studies [J]. Journal of Hazardous Materials, 2007, 142：340-347

[87] Zhou W Z, Wang J, Shen B L, et al. Biosorption of copper(II) and cadmium(II) by a novel exopolysaccharide secreted from deep-sea mesophilic bacterium [J]. Colloids and Surfaces B：Biointerfaces, 2009,

72：295-302.

[88] Stephen Inbaraj B, Wang J S, Lu J F, et al. Adsorption of toxic mercury（Ⅱ）by an extracellular biopolymer poly（c-glutamic acid）［J］. Bioresource Technology, 2009, 100：200-207.

[89] Moon S H, Park C S, Kim Y J, et al. Biosorption isotherms of Pb（Ⅱ）and Zn（Ⅱ）on Pestan, an extracellular polysaccharide, of Pestalotiopsis sp. KCTC 8637P［J］. Process Biochemistry, 2006, 41：312-316.

[90] 李强, 陈明, 崔富昌, 等. 生物吸附剂 ZL5-2 对 Cr（Ⅵ）的吸附机理［J］. 环境科学, 2006, 27（2）：343-346.

[91] Zümriye Aksu. Application of biosorption for the removal of organic pollutants：a review［J］. Process Biochemistry, 2005, 40：997-1026.

[92] Ödemir S, Kilinc E, Poli A, et al. Biosorption of Cd, Cu, Ni, Mn and Zn from aqueous solutions by thermophilic bacteria, *Geobacillus toebii* sub. sp. *decanicus* and *Geobacillus thermoleovorans* sub. sp. *stromboliensis*：Equilibrium, kinetic and thermodynamic studies［J］. Chemical Engineering Journal, 2009, 152：195-206.

[93] Dang V B H, Doan H D, Dang-Vu T, et al. Equilibrium and kinetics of biosorption of cadmium（Ⅱ）and copper（Ⅱ）ions by wheat straw［J］. Bioresource Technology, 2009, 100：211-219.

[94] Vimala R, Das N. Biosorption of cadmium（Ⅱ）and lead（Ⅱ）from aqueous solutions using mushrooms：A comparative study［J］. Journal of Hazardous Materials, 2009, 168：376-382.

[95] Ahmady-Asbchin S, Andrès Y, Gérente C, et al. Biosorption of Cu（Ⅱ）from aqueous solution by Fucus serratus：Surface characterization and sorption mechanisms［J］. Bioresource Technology, 2008, 99：6150-6155.

[96] Xiong C H, Yao C P. Adsorption behavior of gel-type weak acid resin（110-H）for Pb^{2+}［J］. Trans. Nonferrous Met. Soc. China, 2008, 18：1290-1294.

[97] Li K Q, Wang X H. Adsorptive removal of Pb（Ⅱ）by activated carbon

prepared from Spartina alterniflora: Equilibrium, kinetics and thermodynamics [J]. Bioresource Technology 2009, 100: 2810-2815.

[98] Helgason T, Gislason J, McClements D J, et al. Influence of molecular character of chitosan on the adsorption of chitosan to oil droplet interfaces in an in vitro digestion model [J]. Food Hydrocolloids, 2009, 23: 2243-2253.

[99] Cestari A R, Vieira E F S, Tavares A M G, et al. The removal of the indigo carmine dye from aqueous solutions using cross-linked chitosan-Evaluation of adsorption thermodynamics using a full factorial design [J]. Journal of Hazardous Materials, 2009, 153: 566-574.

[100] Chergui A, Bakhti M Z, Chahboub A, et al. Simultaneous biosorption of Cu^{2+}, Zn^{2+} and Cr^{6+} from aqueous solution by Streptomyces rimosus biomass [J]. Desalination, 2007, 206: 179-184.

[101] Xie S B, Yang J, Chen C, et al. Study on biosorption kinetics and thermodynamics of uranium by Citrobacter freudii [J]. Journal of Environmental Radioactivity, 2008, 99: 126-133.

[102] Vijayaraghavan K, Yun Y S. Bacterial biosorbents and biosorption [J]. Biotechnology Advances, 2008, 26: 266-291.

[103] Liu Y H, Cao Q L, Luo F, et al. Biosorption of Cd^{2+}, Cu^{2+}, Ni^{2+} and Zn^{2+} ions from aqueous solutions by pretreated biomass of brown algae [J]. Journal of Hazardous Materials, 2009, 163: 931-938.

[104] King P, Anuradha K, Beena Lahari S, et al. Biosorption of zinc from aqueous solution using Azadirachtaindica bark: Equilibrium and kinetic studies [J]. Journal of Hazardous Materials, 2008, 152: 324-329.

[105] Sar A, Tuzen M. Biosorption of total chromium from aqueous solution by red algae (Ceramium virgatum): Equilibrium, kinetic and thermodynamic studies [J]. Journal of Hazardous Materials, 2008, 160: 349-355.

[106] Gokhale S V, Jyoti K K, Lele S S. Kinetic and equilibrium modeling of chromium (VI) biosorption on fresh and spent Spirulina platensis/Chlorella vulgaris biomass [J]. Bioresource Technology, 2008, 99: 3600

-3608.

[107] Chang X J. Efficiency of a new poly (arylamidrazone - hydrazide lacmoid) chelating fiber for preconcentrating and separationg traces of chromium. gallium and indium titanium from solutions fresenius [J]. Anal. Chem., 1994, 349(6): 438-441.

[108] 苏耀东, 程祥圣. 共沉淀分离富集法的应用与进展 [J]. 理化检验-化学分册, 1999, 35(5): 236-241.

[109] Krishna P Q, Gladis J M, Rambabu U. Preconcentrative separation of chromium(VI) species from chromium(III) by coprecipitation of its ethyl onto complex naphthalene [J]. Talanta, 2004, 63(3): 541-546.

[110] 胡晓斌. 共沉淀分离富集-石墨炉原子吸收光谱法测定水中痕量铅和镉 [J]. 理化检验(化学分册), 2009, 45: 1080-1082.

[111] Colognesi M, Abollino O, Aceto M. Flow injection determination of Pb and Cd traces with graphite furnace atomic absorption spectrometry [J]. Talanta, 1997, 44(5): 867-875.

[112] Gomez-Ariza J L, Giraldez I, Morales E. Use of solid phase extraction for speciation of selenium compounds in aqueous environmental samples [J]. Analyst, 1999, 124(1): 75-78.

[113] Minelli L, Veschetti E, Giammanco S, et al. Vanadium in Italian waters: monitoring and speciation of V(IV) and V(V) [J]. Microchem, 2000, 67(1-3): 83-90.

[114] Dietz M L, Dzielawa J A, Laszak I, et al. Influence of solvent structural variations on the mechanism of facilitated ion transfer into room-temperature ionic liquids [J]. Green Chem., 2003, 5(5): 682-685.

[115] Dietz M L, Stepinski D C. Anion concentration-dependent partitioning mechanism in the extraction of uranium into room-temperature ionic liquids [J]. Talanta, 2008, 75(2): 598-603.

[116] Kozlowski C A, Kozlowska J, Pellowski W, et al. Separation of cobalt-60, strontium-90, and cesium-137 radioisotopes by competitive transport across polymer inclusion membranes with organophosphorous

acids [J]. Desalination, 2006, 198(1-3): 141-148.

[117] Ambe S, Abe D, Ozaki T, et al. Multitracer studies on the permeation of rare earth elements through a supported liquid mem-brane containing 2-ethylhexyl phosphonic acid-2-ethylhexyl ester (EHEHPA) [J]. Radiochimica Acta, 2003, 91 (4): 217-219.

[118] Pramauro E, Prevot A B. Solubilization in micellar systems-Analytical and environmental applications [J]. Pure Appl. Chem., 1995, 67 (4): 551-559.

[119] Frankewich R P, Hinze W L. Evaluation and Optimization of the Factors Affecting Nonionic Surfactant-Mediated Phase Separations [J]. Anal. Chem., 1994, 66(7): 944-954.

[120] Saitoh T, Tani H, Kamidate T. Phase separation in aqueous micellar solutions of nonionic surfactants for protein separation [J]. Anal. Chem., 1995, 14(5): 213-217.

[121] Bohrer A, Gioda A, Binotto R. On-line separation and spectrophotometric determination of low levels of aluminum in high-salt content samples: application to analysis of hemodialysis fluids [J]. Anal. Chem., 1998, 362(2-3): 163-169.

[122] Ohashi A, Hashimoto T, Imura H, et al. Cloud point extraction equilibrium of lanthanum(III), europium(III) and lutetium(III) using di(2-ethylhexyl)phosphoric acid and Triton X-100 [J]. Talanta, 2007, 73(5): 893-898.

[123] Ucun H, Bayhan Y K, Kaya Y. Kinetic and thermodynamic studies of the biosorption of Cr(VI) by Pinus sylvestris Linn [J]. Journal of Hazardous Materials, 2008, 153: 52-59.

[124] Çabuk A, Akar T, Tunali S, et al. Biosorption of Pb (II) by industrial strain of Saccharomyces cerevisiae immobilized on the biomatrix of cone biomass of Pinus nigra: Equilibrium and mechanism analysis [J]. Chemical Engineering Journal, 2007, 131: 293-300.

[125] Tewari N, Vasudevan P, Guha B K. Study on biosorption of Cr(VI) by Mucor hiemalis [J]. Biochemical Engineering Journal, 2005, 23: 185

−192.

[126] Chen Z, Ma W, Han M. Biosorption of nickel and copper onto treated alga (Undaria pinnatifida): Application of isotherm and kinetic models [J]. Journal of Hazardous Materials, 2008, 155: 327−333.

[127] Mata Y N, Blázquez M L, Ballester A, et al. Characterization of the biosorption of cadmium, lead and copper with the brown alga Fucus vesiculosus [J]. Journal of Hazardous Materials, 2008, 158: 316−323.

[128] David K, Bohumil V. Advances in the Biosorption of Heavy Metals [J]. Tibtechnology, 1998, 16: 291−330.

[129] Ahluwalia S S, Goyal D, Microbial and plant derived biomass for removal of heavy metals from wastewater [J]. Bioresource Technology, 2007, 98: 2243−2257.

[130] Wang J L, Chen C. Biosorbents for heavy metals removal and their future [J]. Biotechnology Advances, 2009, 27: 195−226.

[131] Shukla S R, Pai R S. Adsorption of Cu(Ⅱ), Ni(Ⅱ) and Zn(Ⅱ) on dye loaded groundnut shells and sawdust [J]. Separation and Purification Technology, 2005, 43: 1−8.

[132] Gupta V K, Rastogi A. Biosorption of lead from aqueous solutions by green algae Spirogyra species: Kinetics and equilibrium studies [J]. Journal of Hazardous Materials, 2008, 152: 407−414.

[133] Li X M, Liao D X, Xu X Q, et al. Kinetic studies for the biosorption of lead and copper ions by Penicillium simplicissimum immobilized within loofa sponge [J]. Journal of Hazardous Materials, 2008, 159: 610−615.

[134] Sar P, Kazy S K, DpSouza S F. Radionuclide remediation using a bacterial biosorbent [J]. International BiodeterioRation & Biodegradation, 2004, 54 (2): 193−202.

[135] Pal A, Ghosh S, Paul A K. Biosorption of cobalt by fungi from serpentine soil of Andaman [J]. Bioresource Technology, 2006, 97: 1253−1258.

[136] Gabr R M, Hassan S H A, Shoreit A A M. Biosorption of lead and

nickel by living and non-living cells of Pseudomonas aeruginosa ASU 6a [J]. International Biodeterioration & Biodegradation, 2008, 62: 195 -203.

[137] Akar S T, Gorgulu A, Anilan B, et al. Investigation of the biosorption characteristics of lead(Ⅱ) ions onto *Symphoricarpus albus*: Batch and dynamic flow studies [J]. Journal of Hazardous Materials, 2009, 165: 126-133.

[138] Safa Özcan A, Tunali S, Akar T, Özcan A. Biosorption of lead(Ⅱ) ions onto waste biomass of *Phaseolus vulgaris L.*: estimation of the equilibrium, kinetic and thermodynamic parameters [J]. Desalination, 2009, 244: 188-198.

[139] Bhainsa Kuber C, D'Souza Stanislaus F. Thorium biosorption by *Aspergillus fumigatus*, a filamentous fungal biomass [J]. Journal of Hazardous Materials. 2009, 165: 670-676.

[140] Lu W B, Shi J J, Wang C H, et al. Biosorption of lead, copper and cadmium by an indigenous isolate *Enterobacter* sp. J1 possessing high heavy-metal resistance [J]. Journal of Hazardous Materials B, 2006, 134: 80-86.

[141] 许旭萍, 沈雪贤, 陈宏靖。球衣菌吸附重金属 Hg^{2+} 的理化条件及其机理研究 [J]. 环境科学学报, 2006, 26 (3): 453 -458.

[142] 徐雪芹, 李小明, 杨麒, 等. 丝瓜瓤固定简青霉吸附废水中 Pb^{2+} 和 Cu^{2+} 的机理 [J]. 环境科学学报, 2008, 28 (1): 95- 100.

[143] 刘云国, 冯宝莹, 樊霆, 等. 真菌吸附重金属离子的研究 [J]. 湖南大学学报(自然科学版), 2008, 35(1): 71-74。

[144] 秦玉春, 关晓辉, 王海涛, 等. 浮游球衣菌对 Cu^{2+} 的吸附及生物吸附机理初探 [J]. 环境科学学报, 2008, 28 (5): 892 -896.

[145] 陈灿, 王建龙. 酿酒酵母吸附 Zn^{2+}、Pb^{2+}、Ag^+、Cu^{2+} 的动力学特性研究 [J]. 环境科学学报, 2007, 27 (4): 544-553.

[146] 郜瑞莹, 陈灿, 王建龙. 酿酒酵母吸附 Zn^{2+} 和 Cd^{2+} 的动力学 [J]. 清华大学学报(自然科学版), 2007, 47(6): 897-900.

[147] Torres E, Mata Y N, Blzáquez M L, et al. Gold and silver uptake and

nanoprecipitation on calcium alginate beads [J]. Langmuir, 2005, 21 (17): 7951-7958.

[148] Gupta V K, Rastogi A. Equilibrium and kinetic modelling of cadmium (II) biosorption by nonliving algal biomass *Oedogonium* sp. from aqueous phase [J]. Journal of Hazardous Materials, 2008, 153: 759 -766.

[149] Tuzen M, Sarı A, Mendil D, et al. Characterization of biosorption process of As(III) on green algae *Ulothrix cylindricum* [J]. Journal of Hazardous Materials, 2009, 165: 566-572.

[150] Sarı A, Tuzen M. Biosorption of Pb(II) and Cd(II) from aqueous solution using green alga (*Ulva lactuca*) biomass [J]. Journal of Hazardous Materials, 2008, 152: 302-308.

[151] Tüzün i, Bayramoğlu G, Yalçın E, et al. Equilibrium and kinetic studies on biosorption of Hg (II), Cd (II) and Pb (II) ions onto microalgae Chlamydomonas reinhardtii [J]. Journal of Environmental Management, 2005, 77: 85-92.

[152] Nayak D, Nag M, Banerjee S, et al. Preconcent ration of [198]Au in a green alga, Rhizoclonium [J]. Journal of Radioanalytical and Nuclear Chemistry, 2006, 268 (2): 337-340.

[153] Parikh A, Madamwar D. Partial characterization of extracellular polysaccharides from Cyanobacteria [J]. Bioresource Technology, 2006, 97: 1822-1827.

[154] Vullo Diana L, Ceretti Helena M, Alejandra Daniel. Cadmium, zinc and copper biosorption mediated by Pseudomonas veronii 2E [J]. Bioresource Technology, 2008, 99: 5574-5581.

[155] Freitas F, Alves Vitor D, Pais J, et al. Characterization of an extracellular polysaccharide produced by a Pseudomonas strain grown on glycerol [J]. Bioresource Technology, 2009, 100: 859-865.

[156] Lian B, Chen Y, Zhao J, et al. Microbial flocculation by Bacillus mucilaginosus: Applicationsand mechanisms [J]. Bioresource Technology, 2008, 99: 4825-4831.

[157] Wu J Y, Ye H F. Characterization and flocculating properties of an extracellular biopolymer produced from a Bacillus subtilis DYU1 isolate [J]. Process Biochemistry, 2007, 42: 1114-1123.

[158] Lu W Y, Zhang T, Zhang D Y, et al. A novel bioflocculant produced by Enterobacter aerogenes and its use in defecating the trona suspension [J]. Biochemical Engineering Journal, 2005, 27: 1-7.

[159] Ganesh Kumar C, Joo H S, Choi J W, et al. Purification and characterization of an extracellular polysaccharide from haloalkalophilic Bacillus sp. I-450 [J]. Enzyme and Microbial Technology, 2004, 34: 673 -681.

[160] M. Ziagova, G. Dimitriadis, D. Aslanidou, et al. Comparative study of Cd (Ⅱ) and Cr (Ⅵ) biosorption on Staphylococcus xylosus and Pseudomonas sp. in single and binary mixtures [J]. Bioresource Technology, 2007, 98: 2859-2865.

[161] Prasertsan P, Dermlim W, Doelle H, et al. Screening, characterization and flocculating property of carbohydrate polymer from newly isolated Enterobacter cloacae WD7 [J]. Carbohydrate Polymers, 2006, 66: 289-297.

[162] 田禹, 黄俊, 郑蕾, 等. 剩余活性污泥胞外聚合物对水中 Cd^{2+} 和 Zn^{2+} 的吸附效能 [J]. 南京大学学报(自然科学), 2006, 42(5): 840-844.

[163] 李强, 张玉臻, 陈明. 生物吸附剂 ZL5-2 对六价铬离子吸附作用的红外光谱分析 [J]. 光谱学与光谱分析, 2005, 125(15): 708 -711.

[164] Ozdemir G, Ceyhan N, Manav E. Utilization of an exopolysaccharide produced Chryseomonas luteola TEM05 in alginate beads for adsorption of cadmium and cobalt ions [J]. Bioresource Technology, 2005, 96: 1677-1682.

[165] Salehizadeh H, Shojaosadati S A. Removal of metal ions from aqueous solution by polysaccharide produced from Bacillus firmus [J]. Water Research, 2003, 37: 4231-4235.

[166] Comte S, Guibaud G, Baudu M. Biosorption properties of extracellular polymeric substances (EPS) towards Cd, Cu and Pb for different pH values [J]. Journal of Hazardous Materials, 2008, 151: 185-193.

[167] Ozdemir G, Ozturk T, Ceyhan N, et al. Heavy metal biosorption by biomass of Ochrobactrum anthropi producing exopolysaccharide in activated sludge [J]. Bioresource Technology, 2003, 90: 71-74.

[168] Salehizadeh H, Shojaosadati S A. Removal of metal ions from aqueous solution by polysaccharide produced from Bacillus firmus [J]. Water Research, 2003, 37: 4231-4235.

[169] Noghabi K A, Zahiri H S, Yoon S C. The production of a cold-induced extracellular biopolymer by Pseudomonasfluorescens C-2s BM07 under various growth conditions and its role in heavy metals absorption [J]. Process Biochemistry, 2007, 42: 847-855.

[170] 王璟琳, 刘国宏, 李善茂. 固相萃取技术及其应用 [J]. 长治学院学报, 2005, 22(5): 21-26.

[171] Pichon V, Bouzige M, Hennion M C. New trends in environmental trace-analysis of organics pollutants: class-selective immunoextraction and clean-up in one step using Immunosorbents [J]. Analytica Chimica Acta, 1998, 376: 21-35.

[172] Pichon V, Chen L, Hennion M C, et al. Preparation and Evaluation of Immunosorbents for Selective Trace Enrichment of Phenylurea and Triazine Herbicides in Environmental Waters [J]. Analytical Chemistry, 1995, 67: 2451-2460.

[173] Martin-Esteban A, Fernandez P and Camara C. Breakthrough volumes increased by the addition of salt in the on-line solid-phase extraction and liquid chromatography of pesticides in environmental water [J]. Intern J Environ Anal Chem, 1996, 68: 127-135.

[174] 李存法, 何金环. 固相萃取技术及其应用 [J]. 天中学刊, 2005, 20(5): 13-16.

[175] 阎正, 封棣. 固相萃取-毛细管气相色谱法测定中草药中 13 种有机氯农药的残留量 [J]. 色谱, 2005, 3(23): 308-311.

[176] 郑春英, 祖元刚. 固相萃取-超声加温法在中药连翘质量控制中的应用 [J]. 分析化学, 2005, 6(33): 894-897.

[177] 黄永焯, 王宁生. HPLC/ELSD 法结合固相萃取测定三七中人参皂苷 Rg1、Rb1 和三七皂苷 R1 的含量 [J]. 中药新药与临床药理, 2003, 3(14): 180-182.

[178] 陈蕾, 朱霁虹. SPE-HPLC 法测定菊延保康颗粒剂中 3 种丹参酮的含量 [J]. 药物分析杂志, 2004, 24(2): 137-139.

[179] 邱丰和, 刘力. 固相萃取结合 GC 和 GC-MS 快速测定血浆中局麻药 [J]. 环境化学, 1995, 3(14): 246-250.

[180] 牛增元, 叶曦雯, 房丽萍, 等. 固相萃取-气相色谱法测定纺织品中的邻苯二甲酸酯类环境激素 [J]. 色谱, 2006, 24(5): 503-507.

[181] 杨佰娟, 蒋凤华, 徐晓琴, 等. 固相萃取柱上衍生气相色谱-质谱法测定水中烷基酚 [J]. 分析化学报告, 2007, 35(5): 633-637.

[182] 沈萍, 范秀容, 李广武. 微生物学实验 [M]. 北京: 高等教育出版社, 1999: 69-74.

[183] 钱存柔, 黄仪秀. 微生物学实验教程 [M]. 北京: 北京大学出版社, 1999: 154-164.

[184] 阮敏, 杨朝晖, 曾光明, 等. 多粘类芽孢杆菌 GA1 所产絮凝剂的絮凝性能研究及机理探讨 [J]. 环境科学, 2007, 28(10): 2336-2341.

[185] 唐珊熙, 刘锡光. 微生物学及微生物学检验 [M]. 北京. 人民卫生出版社, 2000, 91-108.

[186] 彭辉, 尹华, 梁郁强, 等. 微生物絮凝剂产生菌的培养及其化学特征初探 [J]. 环境科学与技术, 2002, 25(1): 5-9.

[187] 宫小燕, 染兆坤, 王曙光, 等. 微生物絮凝剂絮凝特性的研究 [J]. 环境化学, 2001, 20(6): 500-556.

[188] 庄楚强, 何春雄. 应用数理统计基础(第 3 版) [M]. 广州: 华南理工大学出版社, 2006.

[189] Salehizadeh H, Shojaosadati S A. Isolation and characterization of a bio-flocculant produced by Bacillus firmus [J]. Biotechnology letters,

2002, 24: 35-40.

[190] Brinza L, Nygård C A, Dring Matthew J, et al. Cadmium tolerance and adsorption by the marine brown alga Fucus vesiculosus from the Irish Sea and the Bothnian Sea [J]. Bioresource Technology, 2009, 100: 1727 -1733.

[191] 李星, 刘鹏, 张志祥. 两种水生植物处理重金属废水的 FTIR 比较研究 [J]. 光谱学与光谱分析, 2009, 29(4): 945-949.

[192] 王喜, 甘树应, 葛春丽, 等. 废啤酒酵母吸附水溶液中 Cu²⁺ 的性能及机理研究 [J]. 中国生物工程杂志, 2008, 28 (3): 64-68.

[193] Li X M, Tang Y R, Cao X J, et al. Preparation and evaluation of orange peel cellulose adsorbents for effective removal of cadmium, zinc, cobalt and nickel [J]. Colloids and Surfaces A: Physicochem. Eng. Aspects, 2008, 317: 512-521.

[194] Parab H, Joshi S, Shenoy N, et al. Determination of kinetic and equilibrium parameters of the batch adsorption of Co(II), Cr(III) and Ni (II) onto coir pith [J]. Process Biochemistry, 2006, 41: 609-615.

[195] Vaghetti Julio C P, Lima Eder C, Royer B, et al. Pecan nutshell as biosorbent to remove Cu(II), Mn(II) and Pb(II) from aqueous solutions [J]. Journal of Hazardous Materials, 2009, 162: 270-280.

[196] Memon Jamil R, Memon Saima Q, Bhangera M I, et al. Characterization of banana peel by scanning electron microscopy and FT-IR spectroscopy and its use for cadmium removal [J]. Colloids and Surfaces B: Biointerfaces, 2008, 66: 260-265.

[197] Pérez Silva R M, Rodríguez A, De Oca J M G M. Biosorption of chromium, copper, manganese and zinc by Pseudomonasaeruginosa AT18 isolated from a site contaminated with petroleum [J]. Bioresource Technology, 2009, 100: 1533-1538.

[198] Guibaud G, Hullebusch E V, Bordas F, et al. Sorption of Cd(II) and Pb(II) by exopolymeric substances (EPS) extractedfrom activated sludges and pure bacterial strains: Modeling of the metal/ligand ratio effect and role of the mineral fraction [J]. Bioresource Technology, 2009,

100: 2959-2968.

[199] 赵修华, 王文杰, 胡茂盛, 等. 产朊假丝酵母生物吸附 Cu^{2+} 影响因素及吸附机理的研究 [J]. 环境科学学报, 2006, 26 (5): 808-814.

[200] Levankumar L, Muthukumaran V, Gobinath M B. Batch adsorption and kinetics of chromium (VI) removal from aqueous solutions by Ocimum americanum L. seed pods [J]. Journal of Hazardous Materials, 2009, 161: 709-713.

[201] Mall I D, Srivastava V C, AgarwalN K, et al. Removal of congo red from aqueous solution by bagasse fly ash and activated carbon: Kinetic study and equilibrium isotherm analyses [J]. 2005, Chemosphere, 61: 492-501.

[202] Gok C, Aytas S. Biosorption of uranium (VI) from aqueous solution using calcium alginate beads [J]. Journal of Hazardous Materials, 2009, 168: 369-375.

[203] Özer A, Akkaya G, Turabik M. Biosorp tion of Acid Blue (AB 290) and Acid Blue 324 (AB 324) dyes on Spirogyra rhizopus [J]. Journal of HarzardMaterials, 2006, B135: 355-364.

[204] 徐雪芹, 李小明, 杨麒, 等. 丝瓜瓢固定简青霉吸附废水中 Pb^{2+} 和 Cu^{2+} 的机理 [J]. 环境科学学报, 2008, 28 (1): 95-100.

[205] Sarı A, Tuzen M. Biosorption of As(III) and As(V) from aqueous solution by macrofungus (Inonotus hispidus) biomass: Equilibrium and kinetic studies [J]. Journal of Hazardous Materials, 2009, 164: 1372-1378.

[206] Basha S, Murthy Z. Kinetic and equilibrium models for biosorption of Cr (VI) on chemically modified seaweed Cystoseira indica [J]. Process Biochemistry, 2007, 42 (11): 1521-1529.

[207] B. K. Nandi, A. Goswami, M. K Purkait. Removal of cationic dyes from aqueous solutions by kaolin: Kinetic and equilibrium studies [J]. Applied Clay Science, 2009, 42: 583-590.

[208] Malkoc E, Nuhoglu Y. Investigations of Ni(II) removal from aqueous

solutions using tea factory waste [J]. Journal of Hazardous Materials, 2005, 127: 120-128.

[209] Malkoc E. Ni(Ⅱ) removal from aqueous solutions using cone biomass of Thuja orientalis [J]. Journal of Hazardous Materials, 2006, 137: 899-908.

[210] 张东, 张文杰, 关欣, 等. 负载型纳米钛酸锶钡对水中 Cd^{2+} 吸附行为研究 [J]. 光谱学与光谱分析, 2009, 29(3): 824-828.

[211] Bayramoğlu G, Arıca M Y. Construction a hybrid biosorbent using Scenedesmus quadricauda and Ca-alginate for biosorption of Cu(Ⅱ), Zn(Ⅱ) and Ni(Ⅱ): Kinetics and equilibrium studies [J]. Bioresource Technology, 2009, 100: 186-193.

[212] 周东琴, 魏德洲. 草分枝杆菌及其吸附 Pb^{2+} 后的可浮性研究 [J]. 环境科学, 2006, 27(2): 338-342.

[213] 周东琴, 魏德洲. 沟戈登氏菌对重金属的生物吸附-浮选和解吸性能 [J]. 环境科学, 2006, 27(5): 960-964.

[214] He C Y, Long Y Y, Pan J L, et al. Molecularly imprinted silica prepared with immiscible ionic liquid as solvent and porogen for selective recognition of testosterone [J]. Talanta, 2008, 74, 1126-1131.

[215] Sawalha M F, Peralta-Videa J R, Saupe G B, et al. Using FTIR to corroborate the identity of functional groups involved in the binding of Cd and Cr to saltbush (*Atriplex canescens*) biomass [J]. Chemosphere, 2007, 66 (8): 1424-1430.

[216] Yan G Y, Viraraghavan T. Heavy metal removal from aqueous solution by fungus *Mucor rouxii* [J]. Water Research, 2003, 37: 4486-4496.

[217] Padmavathy V, Vasudevan P, Dhingra S C. Biosorption of nickel (Ⅱ) ions on Baker's yeast [J]. Process Biochemistry, 2003, 38: 1389-1395.

[218] Miretzky P, Saralegui A, Cirelli A F. Simultaneous heavy metal removal mechanism by dead macrophytes [J]. Chemosphere, 2006, 62: 247-254.

[219] Uzel A, Ozdemir G. Metal biosorption capacity of the organic solvent tol-

erant Pseudomonasfluorescens C – 2s TEM08 [J]. Bioresource Technology, 2009, 100: 542-548.

[220] Vaghetti J C P, Lima E C, Royer B, et al. Pecan nutshell as biosorbent to remove Cu(Ⅱ), Mn(Ⅱ) and Pb(Ⅱ) from aqueous solutions [J]. Journal of Hazardous Materials 162 (2009) 270-280.

[221] Patmavathy V, Vasudevan P, Dhingra S C. Adsorption of nickel(Ⅱ) ions on Baker's yeast [J]. Process Biochemistry, 2003, 38: 1389-1395.

[222] Ozer A, Gurbuz G, Calimli A, et al. Investigation of nickel(Ⅱ) adsorption on Enteromorpha prolifera: optimization using response surface analysis [J]. Journal of Hazardous Materials, 2008, 152: 778-788.

[223] Ewecharoen A, Thiravetyan P, Nakbanpote W. Comparison of nickel adsorption from electroplating rinse water by coir pith and modified coir pith [J]. Chemical Engineering Journal. 2008, 137: 181-188.

[224] Malkoc E, Nuhoglu Y, Dundar M. Adsorption of chromium(Ⅵ) on pomacean olive oil industry waste: batch and column studies [J]. Journal of Hazardous Materials, 2006, 138: 142-151.

[225] Akar T, Kaynak Z, Ulusoy S, et al. Enhanced biosorption of nickel (Ⅱ) ions by silica-gel-immobilized waste biomass: Biosorption characteristics in batch and dynamic flow mode [J]. Journal of Hazardous Materials, 2009, 163: 1134-1141.

[226] Gabr R M, Hassan S H A, Shoreit A A M. Biosorption of lead and nickel by living and non-living cells of Pseudomonas aeruginosa ASU 6a [J]. Int. Biodeter. Biodegr., 2008, 62: 195-203.

[227] Zafar M N, Nadeem R, Hanif M A. Biosorption of nickel from protonated ricebran [J]. Journal of Hazardous Materials, 2007, 143: 478-485.

[228] Malkoc E. Nickel (Ⅱ) removal from aqueous solutions using cone biomass of Thuja orientalis [J]. Journal of Hazardous Materials, 2006, 137: 899-908.

[229] 沈萍, 范秀容, 李广武. 微生物学试验 [M]. 北京: 北京高等教育

出版社，1996.

[230] 张志强，林波，胡九成，等. 高活性絮凝剂产生菌群的构建、培养及应用研究 [J]. 环境科学学报，2005，25(11)：1497-1501.

[231] 李建武，萧能赓，余瑞元，等. 生物化学实验原理与方法 [M] 北京. 北京大学出版社. 1994，9.

[232] Yim J H, Kim S J, Ahn S H, et al. Characterization of a novel bioflocculant, p-KG03, from a marine dinoflagellate, Gyrodinium impudicum KG03 [J]. Bioresource Technology, 2007, 98：361-367.

[233] 韩润平，杨贯羽，张敬华，等. 光谱法研究酵母菌对铜离子的吸附机理 [J]. 光谱学与光谱分析，2006，26(12)：2334-2337.

[234] 徐婉珍，李春香，刘艾芹，等. ICP-AES 法研究六钛酸钾晶须对 Cu(II), Pb(II), Cd(II) 的吸附性能 [J]. 光谱学与光谱分析，2009，29(13)：801-804.

[235] 徐婉珍，闫永胜，杨沫晖，等. 火焰原子吸收光谱法研究四钛酸钾晶须对镍的吸附行为 [J]. 光谱学与光谱分析，2009，29 (6)：1698-1701.

[236] 王宏，张东，关欣. 负载钛酸锶钡的玻璃纤维滤膜吸附富集-火焰原子吸收光谱法测定痕量铅 [J]. 冶金分析，2009，29 (4)：24-27.

[237] Kaya G, Yaman1 M. Online preconcent ration for the determination of lead, cadmium and copper by slotted tube atom t rap (STAT) flame atomicabsorption spect romet ry [J]. Talanta, 2008, 75：1127-1133.

[238] Lemos V A, Teixeira L S G, Bezerra M D A, et al. New materials for solid-phase extraction of trace elements [J]. Appl. Spect rocs. Rev., 2008, 43：303-334.

[239] Camel V. Solid phase extraction of trace element s [J]. Spect rochim. Acta Part B, 2003, 58：1177-1233.

[240] 秦玉春，关晓辉，王海涛，等. 浮游球衣菌对 Cu^{2+} 的吸附及生物吸附机理初探 [J]. 环境科学学报，2008，28(5)：892-896.

[241] 黄富荣，尹华，彭辉，等. 红螺菌吸附重金属红外光谱及原子力成像比较研究 [J]. 离子交换与吸附，2005，20(2)：121-126.

[242] Han X, Wong Y S, Wong M H, et al. Biosorp tion and bioreduction of Cr(Ⅵ) by a microalgal isolate, Chlorella miniata [J]. Journal of HazardousMaterials, 2006, 146: 65-72.

[243] 王建龙. 生物固定化技术与水污染控制 [M]. 北京: 科学出版社, 2002: 35-38.

[244] 王宝娥, 胡勇有, 谢磊, 等. CMC 固定化灭活烟曲霉小球吸附活性艳蓝 KN-R—批式实验与热力学 [J]. 环境科学学报, 2008a, 28 (1): 83-88.

[245] Suksabye P, Nakajima A, Thiravetyan P, et al. Mechanism of Cr(Ⅵ) adsorption by coir pith studied by ESR and adsorption kinetic [J]. Journal of Hazardous Materials, 2009, 161: 1103-1108.

[246] Niu C, Wu W, Wang Z, et al. Adsorption of heavy metal ions from aqueous solution by crosslinked carboxymethyl konjac glucomannan [J]. Journal of Hazardous Materials, 2007, 141: 209-214.

[247] Ng J C Y, Cheung W H, McKay G. Equilibrium studies for the sorption of lead from effluents using chitosan [J]. Chemosphere, 2003, 52: 1021-1030.

[248] Ramnani S P, Sabharwal S. Adsorption behavior of Cr(Ⅵ) onto radiation crosslinked chitosan and its possible application for the treatment of wastewater containing Cr(Ⅵ) [J]. React. Funct. Polym., 2006, 66: 902-909.

[249] Kiran B, Kaushik A. Chromium binding capacity of Lyngbya putealis exopolysaccharides[J]. Biochemical Engineering Journal, 2008, 38: 47 -54.

[250] 国家环境保护总局编, 水和废水监测分析方法, 第 4 版北京: 中国环境科学出版社, 2002, 325-329.

[251] 王菲, 王连军, 李健生, 等. 大孔螯合树脂对 Pb^{2+} 的吸附行为及机理 [J]. 过程工程学报, 2008, 8 (3): 466-470.

[252] 黄国兰, 孙红文, 戴树桂. 巯基棉预富集、气相色谱原子吸收联用技术测定水样中丁基锡化合物 [J]. 中国环境科学, 1997, 17(3): 283-286.

[253] 刘奇，李全民，张永才. 负载 8-羟基喹啉的活性炭吸附富集-分光光度法测定水中的痕量钒（Ⅴ）[J]. 分析化学，2000，28（3）：391 -393.

[254] Pamukoglu Y, Kargi F. Biosorption of copper（Ⅱ）ions onto powdered waste sludge in a completely mixed fed-batch reactor：estimation of design parameters [J]. Bioresource Technology, 2007, 98：1155-1162.

[255] 孙建民，徐鹏，孙汉文. 壳聚糖分离-原子吸收光谱法测定水中铜、锌、钴、镍、铅和镉 [J]. 分析化学，2004，32（10）：1356-1358.

[256] Gabriela H P, Luciana M SM, Mauricio L T, et al. Biosorption of cadumium by green coconut shell powder [J]. Minerals Engineering, 2006, 19：380-387.

[257] 代群威，董发勤，张伟. 干废弃啤酒酵母菌对铅离子的吸附及 FTIR 分析 [J]. 光谱学与光谱分析，2009，29（7）：1788-1792.

[258] 韩润平，杨贯羽，张敬华，等. 光谱法研究酵母菌对铜离子的吸附机理 [J]. 光谱学与光谱分析，2006，26（12）：2334-2337.

[259] BayramoĜlu G, Yakup Arıca M. Construction a hybrid biosorbent using Scenedesmus quadricauda and Ca-alginate for biosorption of Cu（Ⅱ），Zn（Ⅱ）and Ni（Ⅱ）：Kinetics and equilibrium studies [J]. Bioresource Technology, 100：186-193.

[260] özacara M, Sengilb I A, Türkmenler H. Equilibrium and kinetic data, and adsorption mechanism for adsorption of lead onto valonia tannin resin [J]. Chemical Engineering Journal, 2008, 143（1-3）：32-42.

[261] Iftikhar A R, Bhatti H N, Hanifa M A, Nadeem R. Kinetic and thermodynamic aspects of Cu（Ⅱ）and Cr（Ⅲ）removal from aqueous solutions using rose waste biomass [J]. Journal of Hazardous Materials, 2009, 161（2-3）：941-947.

中英文符号及缩写对照表

英文符号及缩写	中文名称
EPS	胞外生物高聚物
SPE	固相萃取
SPME	固相微萃取
FAAS	火焰原子吸收光谱法
ICP-AES	电感耦合等离子体原子发射光谱法
FT-IR	傅立叶变换红外光谱法
SEM	扫描电镜
EDX	X射线能量色散光谱
TCL	硅胶薄层色谱分析
Sephadex G-100	葡聚糖凝胶 G-100
UV	紫外可见分光光度计
RSD	相对标准偏差
SPE-CGC	固相萃取-毛细管气相色谱
LLE	液液萃取
HPLC	高效液相
GC-MS	气相色谱-质谱
PAEs	邻苯二甲酸酯类
TFA	三氟乙酸
Molisch	α-萘酚
C_0	初始浓度
C_e	平衡浓度
q_t	t 时刻吸附量
q_e	平衡吸附容量

q_{m}	饱和吸附容量
k_1	一级吸附速率常数
k_2	二级吸附速率常数
k_{p}	内部扩散速度常数
K_{f}	Freundlich 吸附等温常数
K_{L}	Langmuir 吸附等温常数
R	理想气体常数
T	热力学温度
E	平均吸附能
R_{L}	分离因子
R^2	相关系数
3σ	检出限
$q_{e\,\mathrm{cal}}$	理论平衡吸附量
$q_{e\,\mathrm{exp}}$	实验平衡吸附量
m_i	各因素各水平絮凝率平均值
R_j	极差
S	平方和
f	自由度
$\bar{S}$	均方和